红 房 子

RITZ-CARLTON HOTEL

泰安道丽思卡尔顿酒店
全 过 程 设 计

赵春水　主编

中国建筑工业出版社

红房子

那是一种古老的美好，

有着粗砺的线条，

朴素的花纹。

那是一个外表粗犷，

质里天然，

历经岁月的建筑。

它风华过一个朝代，

也曾装点一段如水的光阴，

如今的建造技艺又让它重新散发着光芒，

盈盈盛开。

外省之人每每落脚天津，

总会寻访这一雅趣之处

——泰安道的丽思卡尔顿。

那里的风雅，

来自于岁月光阴的打磨，

这般寻访，

有如赶赴一场久别的约会。

那里就是我们将要给读者展现的一幅历史画卷，

一场悠长而美丽的建筑重生之旅。

一栋红房子的故事，

伴随着泰安道历史街区的重生，

与丽思卡尔顿酒店的不解之缘。

红 房 子

RITZ-CARLTON HOTEL

白房子

这里有现代的秩序感和空间感，

线条硬朗，

身影轻盈。

交错桁架的空间布置体系，

有赖于技术的进步，

散发出持久的生命活力。

图书馆的美，

没有繁复的线脚，

不用特别的色彩，

浓而不艳，

冷而不淡，

清而不散；

步入其中，

无桃李争妍，

更觉比别处清幽宁静。

白色铝板墙壁，

编织出不同韵律，

不招摇，

却醒目。

这里就是我们要给读者展现的一处现代技艺的实现，

一个从理想到现实的努力。

一栋白房子的故事，

与天津文化中心一起诞生，

生长延绵，

哺育城市。

天津建造 红白对话

Tianjin Construction: Dialogue between Red & White

文 赵春水

　　天津的城市景观富于变化而生机勃勃，皆因海河水系穿城而过导致道路系统复杂异常，加之近代百年风云际会给天津留下无比丰富的建筑遗产，使之有"万国建筑博览会"之称，韵味纯厚。

　　归国十年，回顾岁月里做过的项目。红房子、白房子都已经建起来六年多了。它们就像亲兄弟一样被我们拉扯大。红房子建在敏感的维多利亚花园旁，花园周边的利顺德酒店、阿甘里教堂、开滦矿务局是铭记着岁月变迁与沧桑的守护者。红房子项目的规划、建筑非常严谨地复原传统历史街区的氛围。建筑师对体量、风格、材料、建造的几近偏执的坚持，使建成后的五大院地区透出古典气息，维多利亚花园也更雍容华贵。白房子建在新行政中心旁，是市政府在努力打造文化强市的雄心下建造的城市客厅。其中，大剧院是当之无愧的主角，白房子则偏安一隅，应城市发展的需要，演绎着现代信息集散平台的角色。其内部空间在现代建构逻辑下被转译成传统园林的空间体验。

　　红房子、白房子诞生于天津城市最快速发展的时期，它们在城市关系、街区尺度、功能划分、空间构成等方面都能引发对比性的思考。正像双面镜子，同时映射出城市发展的双面性格。对"传承"与"创造"，红房子、白房子分别以各自独特的方式给出自己理性的回答。本文在建造的语境下，讨论它们存在的价值。之于当前日新月异的大背景，虽不合时宜，却更显现实意义。

一、手工制造的传承与工业建造的开始

为真实表现历史街区建筑的材料质感，建筑师要求红房子外檐的面层采用"真砖+人工"砌筑的建造方式。外檐施工的高峰期，正逢春节，由于掌握砌砖技术的工匠很稀缺，施工方开出培训免费外加每天每人六百元工费的条件，但仍然招不到工匠。我们院内的年轻人笑称，愿意去工地当工匠而不当画图党了。砌砖工匠的缺失不正是手工制造日渐式微的缩影吗？手工制造是基于匠人独有的建造技术和手工工艺的建造方式。《营造法式》中"诸作功限""以材定分"就是例证，这种方式恰恰被现在强势的工业生产所摧毁。

近几十年突飞猛进的城市建设，导致"以速度决定效益"的思考方式，将建造技艺踢出视线，更将工匠逐渐淘汰。诚然，随着工业化到来，工业建造由于具有速度优势，在商品社会越发势不可挡。但是工业化所带来的审美价值取向的进化却出现断层与迟滞。白房子的内装铝合金厚板的切屑加工，就因国内的加工设备工艺不合格，而不得不放弃原有方案，最后只能采用折中的方式，以"适应当前初级工业化"的加工制作水平。从某种意义上说，建材加工制作能力的不足制约着现代建筑在天津的普及与发展。

手工制造的传承，要旨在于其匠人工艺的发掘发展，工业制造的发展，更需"新"审美价值观的建立。

二、手工建造的价值与工业制造的意义

在历史街区建设红房子的挑战在于对传统工艺的传承与演进。为了精准地指导现场施工，我们专门绘制了《砖的砌筑》《石材的连接》《门窗样式》等三维设计手册加强施工指导，让传承不止于形式的再现，而更体现在现代技术对传统工艺的改良与发掘上。在红房子的建造过程中，匠人操作的随机性赋予建造对象尽管微小但也十分明显的差别，这令我们始料未及。依靠不断积累经验而选择出的材料，体现出匠人的价值。同时，人性的美感体现于手工建造的过程里，被不经意地注入对象之中，将天津小红砖的地域性表现得淋漓尽致。手工建造的红房子，经过四年时光的打磨，韵

味越来越浓郁，应着历史街区的沉香，在海河边绵绵流淌。红房子获得丽思卡尔顿酒店集团"亚洲历史街区最佳酒店"的殊荣。

与传统西洋建筑在天津被广泛认可相比，现代建筑则受到广泛质疑。其中最强势的理由是以传统审美标准来评判现代建筑而得出的现代建筑"审美苍白"的结论。由于我们的社会工业化进程与西方发达国家相比，时间被"高度浓缩"。现代材料加工技术未经过培育生长的时期，就用于生产，致使建筑精度受限于加工机械，缺少技术支持的现代建筑表现得一塌糊涂。密斯创造的玻璃墙幕摩天大楼是对技术的完美追求，开创了基于技艺精美主义的审美潮流。白房子的建造中，我们对构件尺寸的严格把控，使得结构、设备专业老总叫苦不迭。他们要重新审视常规经验和粗放做法影响下形成的习惯，仔细推敲每一处有机会消减尺寸的做法，确保最终呈现出的状态是现有条件下的最优尺度，力图呈现构建技术的精美。彼得·德克鲁明确提出，"对机械形象的挖掘只是浅层次的尝试，机械体系更重要的价值在于其深层次的技术审美。"

注入人性美感的手工建造和追求技术精美主义的工业制造，在天津建造的大环境下，就像铁道的两条轨道并行前伸，从不相交，相互映衬又互为支撑。这种特征全部体现在红房子、白房子的建造思考和行动之中。

三、宜人尺度的依赖与抽象尺度的崇拜

红砖的大量使用表现出地域性特点，在红房子中被进一步强化。同时，红砖的建造规律、相互关系和连接的秩序都展现出砖材料本身的建造逻辑。通过建造方式，呈现建筑材料的特性之后，宜人尺度自然会被使用者最直接地感受到。设计之初，我们曾担心建筑尺度过大给街区带来压迫。但当我们坚持忠实于砖材料的建造逻辑之后，一切担心都变得多余了，一切都产生得自然而然。结论是，手工建造的度量标准、尺寸、操作等均以人的尺度为参照。其结果就是，红砖建造能促进具有极强的归属感、宜人尺度的空间场所的产生。

白房子以创建面向未来的信息集散平台为设计理念，催生"钢框架支撑交错桁架"的创造来实现空间的自由自在。借助能源驱动的机械加工建造，帮助表达抽象复合空间对人力局限的突破。标准化和模式化建造也加强了抽象尺度的产生。白房子中

心部位有一道连接东西两层空间的廊桥，其跨度都超过四十米。我们采用桥梁建设中使用的结构体系，超越了一般的房屋常用的结构，表达了对现代复合建造技术的颂扬。室内层层突出或收进、吊挂悬挑的平台表现出突破重力束缚的技术能力和决心。梁、柱、板、墙的极致尺寸的最终呈现，表现出清晰的逻辑和对工业加工、建造技术、安装技术能力的自信。天津白房子的建造成功表明，现代主义方盒子在抽象尺度表达上、技术审美表现上，都给民众带来了新的令人愉悦的体验。

最后

红房子、白房子这对孪生兄弟，充满矛盾与统一。在其建设过程中，作为天津本土设计师的我们充分体会到，建造传统风格的纠结和实现现代建筑的无奈。几十年前柯布西耶就提出"建筑在十字路口"。这个路口，我们还没有过去。现代主义的审美苍白，并非因为手工制造优势的消失殆尽，而是因为新技术审美尚未确立。同时，手工制造逐渐式微，并非是现代主义效益至上所致，而是亲人尺度被漠视的直接结果。

红房子的建造是我们坚信人性美的注入会创造出不朽的作品。白房子的成功让我们有自信超越各种羁绊，创建未来的新建筑，实现更多红房子、白房子，为天津建造正名。

目录
Contents

历史
—
溯源

生长的城市——街区更新的思考

The History of Growth: Thinking About the Design of Historical Block

 赵春水

要保护历史街区，就不免会产生许多遗憾，当年梁思成先生跪地不起，扶墙痛哭的声音仍不绝于耳。许多宝贵的文化遗产被盲目的造城运动所摧毁，城市正在失去其演进的轨迹和那些不能复原的文化。作为参与制定各种有关的保护规定的专业人员，深感各种保护规划与开发的迫切需要之间存在着永远无法调解的矛盾。面对现实的无能为力，反之推动我们去做一些力所能及的工作。面对保护与发展的各种矛盾与复杂性，只能用一事一议来解释，无法找到普适性方法。所以，在讨论历史街区设计的语境下，尝试着谨慎地梳理一下关于城市、场所、街区、步行、材料和形态的既有认知以及自己的见解，这也许会在浮躁的氛围中坚定我们的执业信念，引导城市设计和建筑实践回归本源，走向正确的发展方向。

□ 城市的生长 —— 城市是规划？生长？
□ 环境与场所 —— 自然的主观表达
□ 街道秩序性 —— 生活模式的投射
□ 步行连续性 —— 行人价值的呵护
□ 材料与营建 —— 存在的真实再现
□ 形态与象征 —— 内在价值的传承

巴西利亚规划

一、城市的生长 —— 城市是规划？生长？

关于城市的建造方式有城市规划、城市设计以及常被提到的社区营造等各种方法。20世纪后期，路易斯·康提出"建筑是房间的共同体，城市是建筑的共同体"。可以说，共同的秩序、共同的价值以及共同的记忆支持着一个集中城市的存在。在现代主义的孕育下，规划型城市大量出现，规划是外部促进加上强制力量的各种表现（过去多表现为军事及殖民城市，现在则是新城和政绩的促进）；城市生长则由其内部产生，由于经济、文化等日常生活的变化引发各种模式的形成、发展和变换。南美的巴西利亚和印度的昌迪加尔都是现代主义规划的杰作，但其空置乏味的城市中心与周边贫民窟具有的生机活力形成了鲜明有趣的对比。

城市是人类最伟大的发明。对城市来说，城市规划的实施不是它的完成和终点。相反，只有当城市消亡的时候才能说明它停止了生长。所以，城市既不完全是规划理想创造出来的，也不完全是依自发的秩序生长出来的，而是两者结合的产物。研究城市的生长是城市发生的持久主题。在历史街区内，建筑的"生长"可能更需要尊重，可能更加独特和具有魅力，保持、发掘和延续其"生长性"是对历史街区城市文化基因最好的保护。

五大道 场所感

二、环境与场所 —— 自然的主观表达

环境在不断被破坏之后，其价值才能被发现和认知。如海德格尔在《存在与时间》中曾提出，"人类的科学、技术带来对环境的认识及处理，容易引起对周围世界抽象的解读，造成对环境生态的破坏。"因此，在一定的区域要谦虚地对待环境，使之友善地从属于大环境和周围世界，目前这是我们能做和可以做到的。

功能主义建筑理论的论述，将人类主体与空间内各个对象结合，衍生出各种相互关联的功能，催生了现代建筑。然而，正如诺伯格-舒尔茨在《场所精神》中指出的，建筑赋予人一个"存在的立足点"。同时强调，人不能仅由科学理解获得一个立足点，人需要象征性的东西，也就是对"生活情境"的表达，人的基本需求还在于体验其生活情境。场所从其中明确地浮现出来。"场所产生建筑、建筑塑造场所"引导我们对建筑与场地重新思考。

以特定历史街区为场所，在重新认识人类已有科学知识的局限性前提下，我们理应谦虚地对待环境，尊重已经存在的场所和其所具有的生活情境、历史记忆，感受并吸收场所散发的特殊能量和信息，引导建筑激发场所具有的潜能，实现场所与建筑的相得益彰。

梵蒂冈 圣彼得广场
法国巴黎 香榭丽舍大街
中国 里弄

三、街道秩序性 —— 生活模式的投射

凯文·林奇在表达城市意象时使用的是：道路、边界、地域、节点、坐标，明确提出"道路"对于城市认知的重要作用。同时，在《街道美学》一书中，芦原义信认为，东西方对于空间的不同理解，直接产生街道与建筑空间在构成上的差异，并引起使用者不同行为的发生。

就像生物有机体一样，作为城市有机体重要组成部分的街道，在空间上由不同层级的要素构成，其层级中同时存在着一定的先后次序——街道秩序。街道的层级秩序在一定历史、文化、生活方式的作用下逐步产生并定型下来，它反映着街道的社会属性和稳定的社区结构，也是居民特定时期生活方式的直接表达。

尤其在历史街区的空间构成系统中，隐藏着特定的空间构成模式以及模式形成的层级秩序。随着社会、空间、时间的变化，街道秩序也会不断发生变化，对其规律的发掘不是街道秩序研究的终点而只是方法。在其固有客观前提下，随时代发展，培育积极的内生动力，发展新的生活模式，才能延续历史街区的价值，实现城市的生长和进步。

历史街区的路网

四、步行连续性 —— 行人价值的呵护

步行者对于城市的感受产生于其在城市中游历和漫步的过程。其中，步行者的安全性和趣味性的产生依赖于连续的步行体验。连续性可分为空间连续、时间连续、记忆连续。步行空间的连续性由不同层级系列完整表达，各个层级对步行者都提供全面而友好的界面，同时要求层级之间的转换也能与层级重要性相匹配。步行空间的时间连续性，由人体工学决定。人类步行尺度一直没有明显变化，时间在步行系列中表现出频繁的时空变换。步行空间的记忆连续性是对城市情感的温暖守候，一束从大树上投射下来的斑驳光影，一块被岁月打磨得无比光滑的石阶，都记载着行人的回忆。

然而，现代主义割裂了历史街区的演变和其延续性，建筑基底超尺度的轮廓产生许多"实体危机"和"肌理贫乏"。其根源在于，这些被强调的实体建筑不具备创造围合空间的能力。同时，机动车道、快速路与人行道的交错也是今天产生城市问题的原因所在。相较于目前的城市建设排斥步行系统的状况，在历史街区，能使行人在步行中享受物理环境的支持以及精神层面的呵护，因而显得更具有价值，这样才能使步行这种独特的城市体验方式更具生命力、持久力。

泰安道四号院
泰安道历史街区利顺德饭店

五、材料与营建 —— 存在的真实再现

　　建筑物是材料的集合体。一般来说，人们并不关心单体使用的材料。但是当一定区域被一种材料占领并形成特色之时，那种材料就被主题化了。如果追溯其存在的体验本身，就会浮现出那里人们生存的整体结构。世界各地住宅风格往往产生于机械力和大批量运输手段产生之前，是值得保护和具有价值的。建筑材料是决定形式风格的因素之一。

　　相同材料在不同区域被广泛应用的事例说明，建筑风格呈现出各自特点这个事实意味着决定风格的不只是材料。风格的差异暗示着在不同地域有不同生存方式的存在；还反映着在建筑生产中，材料的使用加工方式以及由此带来的建造技术的积累与创造。所以，使用那些独特的材料与技术会形成代表地域特色的建筑风格也就容易理解了。

　　材料的使用有其内在的时代印迹，并随着科技的进步不断发展变化。在全球趋向同一化的今天，材料及营建所代表的地域性和历史性显得弥足珍贵。在历史街区中，使用统一的材料、标准的营造方式也是其形成独特风格的必然结果。发掘和复原被现代技术、材料摧毁的传统材料、加工工艺和建造方式，不也是保护历史街区的有意义的行动之一吗？

泰安道二号院

六、形态与象征 —— 内在价值的传承

罗伯特·文丘里在《建筑的复杂性与矛盾性》中列举事例，指出建筑形态具有复杂性、矛盾性和模糊性的特点，并对现代建筑过于纯粹和简单进行了批判。无论如何，建筑的平面、立面、剖面最后都要落实到空间形态上。形态是关于论述其由什么要素构成、其相互关系及意义的问题，很明显存在着构成形态的内在的、自律性逻辑。

随着现代建筑的普及，建筑的象征性被逐渐瓦解及符号化，从而导致现代社会中的象征性愈来愈贫乏。在当代商品社会中，建筑作为"形象"以及"商品"被利用并传递到各地，建筑本身变成无所谓地域场所的独立存在，与地域、文化失去了必然的联系，于是地域性被从现代建筑的形态、象征中删除，这不正是造成所谓"千城一面"的社会根源吗？

保持建筑地域性的形态和象征性，是历史街区更新改造中需要坚持的观念。即用固有形态传承场所的历史价值，摆脱质疑新建筑物的真实性这一文物保护层面的思考惯性，正视"形态与象征"对场所的特殊意义。正如吉迪翁所言，"被地域性支持的'象征性'的创造依然是建筑工作不变的课题"。

美国建筑师沙里宁说过："城市是一本打开的书，从中可以看到它的抱负。让我看看你的城市，我就能说出这里的城市居民在文化上追求什么。阅读这个城市就如同在城市中漫步，阅读它的历史、它的意蕴。保留历史、文化的老建筑，体味形成历史、文化的地域性，否则我们就读不懂了，城市就索然无味了。"全球的城市化模式面临着一个共同的危机，就是城市趋同，失去自有的文化氛围、历史文脉和城市记忆。现代主义的规划、建筑理论对于乏味的现实城市表现出的无能为力，让我们有机会重新思考我们现行的理论，重新认识我们周围的环境，重新审视和评判我们的价值取向。希望这些讨论能带给有同样苦恼的思考者和实践者一些启发。

历史之维度
The Dimension of History

◆文 赵春水 邱雨斯

与天津建卫600年的历史相比，泰安道地区显然要年轻许多。关于这一地区最早的文字记载出现在19世纪中叶第二次鸦片战争之后。

一、维度的缘起

1860年（清咸丰十年）是个多事之秋，英法联军不满足于清政府在《天津条约》中开放的位于长江流域的城市，而对作为拱卫京畿的经济要镇——天津觊觎已久。10月，清政府被迫签订的中英《天津条约》的《续增条约九款》（即《北京条约》）中，第四款提出"以天津郡城海口作为通商之埠"。12月，英国公使向总理衙门提出"欲永租津地一区，为造领事官署及英商住屋、栈房之用，现勘察得津地逸南二三里许，坐落紫竹林至下园地一方，约四顷有余。"这个范围即现在的海河以西、大沽路以东、营口道以南、彰德道以北，占地面积约460亩，由英国皇家工兵队上尉戈登（C.G.Gordon）勘定界限。这个范围即为最早的天津英租界。从此，泰安道地区被载入史册，也开启了天津近代城市建设历史的新篇章。

与后来相继3次划定的总界址相比，第一次沿海河划定的英租界（即"原定界"）规模并不算太大。由于远离天津城厢，此处地势低洼，基本以农田滩涂为主，并不适宜建造房屋。英国人划定这一地区为租界，也是因为看好此处"海河要冲"可以作为码头的交通优势。随着旅津的外国人日益增加，租界地内的城市营造也被慢慢提上议事日程。

在被辟为租界城市之前，天津的城市发展轨迹与一般北方城镇无异，城墙四面

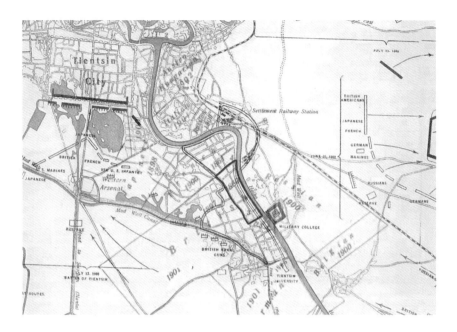

1860年英租界的原定界线

方正，城内居民暮鼓晨钟。而这个名叫戈登的英国上尉，改变了这种传统的营城方式。他对英租界的规划，为天津这座城市提供了一条新的发展轴线——以海河为轴的"戈登规划"。

二、维度的设定

"戈登规划"被视为天津近代城市规划的开端，其方法是以方格为路网，划定地块，并为这些道路与街坊编号，以准确的出让条件将被编号的地块出售。这种规划方式相对高效地拉开了租界建设的序幕，在某种程度上鼓励了"地主"们对租界的建设热情。以其中最有名的酒店利顺德饭店为例，此处土地在1863年由英国传教士殷森德获得使用权。因为紧邻码头，他开办了租界内最早的饭店——被称为"泥屋"的一层平房，此即利顺德饭店的前身。1883年，德国商人雷特获得建筑许可证，将"泥屋"修整扩建，并定名为"利顺德"饭店，于1886年正式开张纳客。后几经建设扩张，终于成为当时天津最豪华舒适、最现代时髦的国际化饭店。历史上许多中外名人曾经在此下榻，比如溥仪、孙中山、袁世凯等风云人物，据说张学良也曾携赵四小姐在此小住。

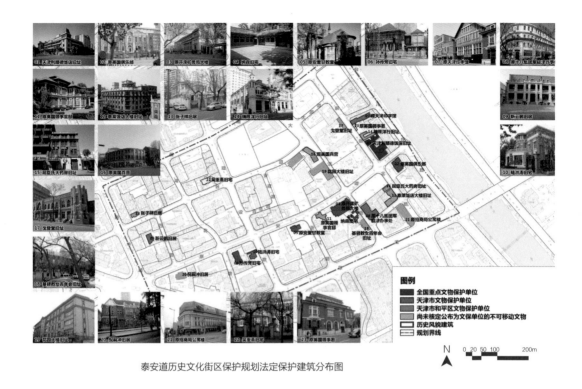

泰安道历史文化街区保护规划法定保护建筑分布图

利顺德饭店作为承载了诸多重大历史事件的物质载体，无疑是英租界内最重要的建筑之一——在泰安道地区，重要的建筑物多不胜举：有中国通商口岸最早和最大的租界市政厅——戈登堂、天津最早的城市公园——维多利亚花园、天津第一家出版社——天津印字馆等诸多在天津近代史上有着重要意义的历史遗物。

泰安道地区的街巷道路规划于19世纪后半叶，其中被载入史册的重要道路有，天津第一条经过规划的城市马路"中街"（又名维多利亚路，今解放北路），以及在东西方向完整贯穿英租界的"咪哆士道"（今泰安道，与成都道相连，完整串联起英租界的全部范围）。这里汇集了英租界内的诸多重要公共建筑，作为曾经的英租界的政治、经济中心，与其北侧的天津法租界相连，被视为20世纪20年代天津的"金融中心"。

以1860年的冬天为时间起点，泰安道地区在近80年的时间里，从一片荒滩沼泽转型为相当长时期内天津城区的政治经济中心。这个脱胎换骨的转变，成为天津城

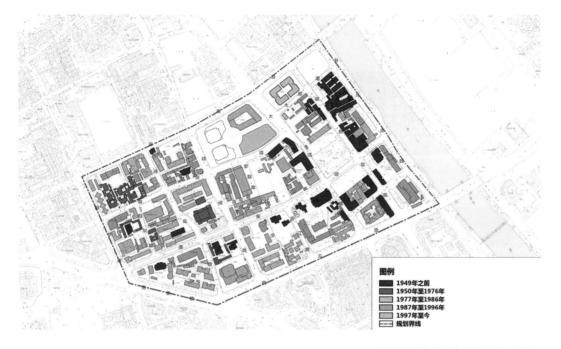

图例
1949年之前
1950年至1976年
1977年至1986年
1987年至1996年
1997年至今
规划界线

保护规划确定的保护建筑建筑年代分布图

市发展历史上的重要转折点。这里是天津建卫460年来城市物质空间重心的第一次迁移，是天津近代城市规划的起点，是天津近代欧式建筑风格的发源地。另一方面，这个街区作为城市政治中心，见证了不同时代的政权兴替——由于区内拥有多处品质良好的建筑，在2008年之前，这里一直是天津市政府所在地。

泰安道地区拥有令人骄傲的历史，然而现状物质基质的承载力已经不能满足城市迅速扩张的直白需求。随着城市结构的衍变进化，城市空间发展方向的转移，这里不再被青睐。这个街区开始变得沉寂，气氛萧然。

由于时代的局限性，泰安道地区的平均道路宽度不超过18米，即使是最宽的泰安道，红线宽度也不超过20米。道路的通行能力已经不能满足城市生长的态势与街区自身发展的需要，但是街道没有扩宽的机会——街巷格局基本保留完整，而历史风貌建筑分布颇为零散，好比一个矩形的四角被固定，限定了道路的方向与宽度。

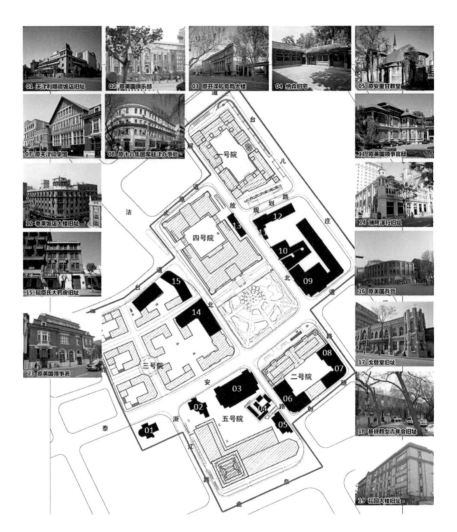

规划范围内现状建筑

三、维度的传承

  作为1976年唐山大地震这一自然不可抗力带来的巨大损失,泰安道地区部分历史建筑的损毁令人扼腕。相比震后应急搭建的抗震棚与临建建筑杂乱无章地挤占街道,20世纪80年代开展的震后重建工作"快捷而高效",街区内震毁的建筑废墟上迅速耸立起了崭新的楼宇。这种完全出于"安置"理念的建设,顺应了当时的城市发展需要。以今天的观点审视,这一批震后建筑中虽不乏优秀作品,但更多的新建建筑与

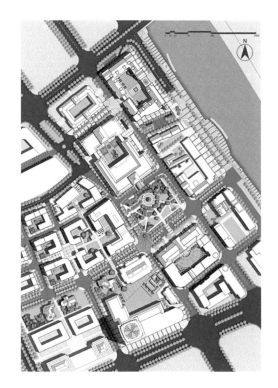

五大院总平面图

其周围的历史建筑无法共存。

　　街区内现存的历史建筑规模有限，百年前的城市载体不能满足当前城市生活的荷载需求。且单一功能的场所对城市生活的贡献已经很难引发市民光顾的兴趣。由于泰安道对于天津的重要意义，她的复兴牵动着更多人的旧日情怀与殷殷期盼。尤其是与其相邻的4片历史街区相继得到完善的保护与提升，在历史街区保护经验的不断积累后，作为城市的建设者，此刻终于等到了复兴这一街区的时机与动力。

　　与1980年前后的震后重建不同，这一次我们有时间来思考历史街区的更新策略，有时间去探索尊重城市肌理与街区氛围、尊重历史脉络与文化传承的更新途径。我们希望对泰安道地区的实质要素进行物质性整合，形成完整的区域空间特征，借此营造新的符合历史风貌及氛围的空间秩序，传递泰安道地区的场所精神，恢复区域城市意象，使人们能够感受到她昔日的荣耀。

规划范围内现状建筑图底关系
泰安道院落空间分析

通过调研评估，泰安道历史文化风貌街区的保护规划在2009年完成了对街区内现状建筑资源的整理归纳。规划严格保护历史价值较高的风貌建筑，而对历史文化价值较低的建筑物采取整治更新或迁移拆除的措施，从而保护街区历史风貌的整体氛围。按照保护规划的要求，被划定为引导拆除的建筑除了大量的棚户和临时建筑，还有建于1982年的天津市人民政府办公楼，以及同时期建设的天津市委大院——前者的所在地是戈登堂原址，后者的用地中保留着开滦矿务局办公大楼及纳森故居。市委市政府以及相关大批行政办公机构的迁出为泰安道街区的区域复兴的更新提供了更多的机会。

历史建筑及街区是一定时期内社会活动的承载基质，作为城市文化的不动产，对其进行旨在"扩容"的建筑形态扩建过于简单粗暴。通过前期策划，重新赋予其顺应时代需求的功能结构，引入具有更高价值的物业功能，如商业娱乐、旅游观光等，可以实现历史建筑的续存，也为物业开发带来附加的财富。

随着学界对历史街区保护的认识不断深入，历史街区的道路本身对城市的贡献

建筑图底关系
泰安道总图-新建建筑

越来越受到重视。在街区更新伊始，对道路的担忧就成为设计团队所面临的最大课题。街道作为人类活动场所和社区活动的发生器，是组成公共领域的最主要因素。由于原有街道尺度及城市快速交通方式已不能满足街道的社交功能，规划提出步行系统连续、自成体系、各成网络，在街坊内开辟新的公共领域，形成由建筑围合的院落空间，为区域内人的活动与滞留创造可能性。于是，泰安道的"院落工程"应运而生。

四、维度的愿景

泰安道历史街区在按照规划要求进行分类治理后，形成了北至保定道、南至曲阜道、东到安徽路、西到台儿庄路的现有用地范围。依据开发顺序，分别将各地块命名为一至五号地块，即泰安道五大院。

规划后的保留建筑主要包括天津第一饭店、原十八路军办事处、美国兵营和纳森旧宅、开滦矿务局、戈登堂遗址。为了更好地保护旧有建筑，使老建筑重新焕发活

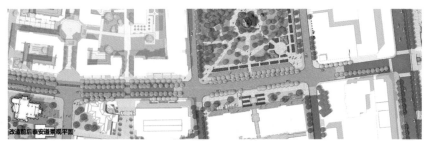

改造前后泰安道景观平面

尺度不变前提下对泰安道景观的提升
以院落为单元的空间格局

力，规划保留了部分建筑的本来功能，并对其他保留建筑的功能进行调整和置换，以期更为充分地发挥其地段优势。

经过调整后，二号院保留建筑形成了精品商店、高端办公为主的功能形式；五号院则利用其临近小白楼商圈的地段优势，与二号院一并形成了以商业为主的功能区。三号院利用旧有建筑功能，延续了其作为居住建筑的功能；相对而言，一号院虽然没有保留建筑，但因其东临海河，为利用其优良的城市景观，根据规划用地性质，定位为精品公寓和高档社区。由于一、二、三、五号院的包围环绕，且处于以维多利亚花园为中心的景观轴线上，在戈登堂原址上围合成的四号院因此成为泰安道历史街区的地理中心，为了充分发挥其地段优势，特在四号院引进了目前天津最高档的白金五星级酒店功能，以此向这里曾经最豪华的酒店利顺德饭店致敬。

维园是五大院公共空间的绝对中心

　　由于工程的重要性，以及所有人对她的期望，规划师更希望对这一片街区构想的蓝图能够得到更富有执行力的实施。那么相较于传统做法，仅仅能够提供量化指标的控制性详细规划显然已经不能满足规划师对于这片街区复兴的殷切期盼。以往的城市设计经验将目光停留在更大区域或更大规模的总平面上，但是缺乏对建筑或景观的精确控制力——建筑单体和景观设施才是城市物质空间的最终构成要素。如何将宏观的城市设计意图，完整地渗透到中观的街区设计，落实在微观的建筑及景观设计中，这是我们接下来需要探索的新课题。

　　相较于程式化的"断档"控制流程，泰安道地区的成功应该归因于设计师团队所推崇的"全过程设计"，即从策划、规划、建筑、景观、内装等统筹考虑，协调作业，使最初的策划意图在项目中最终得到实现。

从"五大道"到"五大院"
——五大院建筑风格的定位

From Five Avenue To Five Courtyard
-Building Style Rethinking

◆文 赵春水　李津澜

一、缘起

2012年五大院项目大部分竣工，得到了业内人士的广泛关注。由于常陪同一些规划与建筑同行，到五大院中参观，因此常被问及，什么是英式风格，五大院是什么风格？

要回答这些问题，就要先搞清楚什么是英式风格，英式风格的发展历程如何。其实"英式建筑"在建筑学里并没有明确的定义。它更准确的定位是英国的古典建筑风格，受古希腊、古罗马、哥特、巴洛克、洛可可等不同时期的建筑潮流影响，所以建筑风格并没有自己特别独特的样式，大多只是对外来建筑风格进行一些本土化的修改。因此本文以历史时代划分为线索，以英国本土及其殖民属地为范畴，从建筑实证学角度来考察"英式建筑"，希望从建筑样式角度阐述其特点和脉络。

自中世纪后（16世纪），它的发展历程主要分为五个时期。

第一个时期，是从16世纪到17世纪初，正是中世纪向文艺复兴的过渡时期，因为当时正是英国都铎王朝，所以当时的建筑风格得名为"都铎风格"（Tudor Style）。

"都铎风格"建筑的特色是：建筑的轮廓上有跳动着的塔楼、雉堞、烟囱，体形多凹凸起伏。结构、门、壁炉、装饰等常用四圆心券，窗口则大多是方额的。在建筑材料上，爱用红砖建造，砌体的灰缝很厚，腰线、券脚、过梁、压顶、窗台等则用灰白色的石头，很简洁。柱式的要素还不多，而且处理得相当随意自由。特有的民间住宅，主要为木结构支撑体系，往往用人字砖砌体、高烟囱、柱撑门廊，有时甚至是茅草屋顶，是都铎复兴风格最显著的特征。"都铎风格"建筑中最具有代表性的是英国汉普顿宫（1515—1521），王宫完全依照都铎式风格兴建，内部有1280个房间，是当时英国最华丽的建筑。

第二个时期，是从18世纪下半叶到19世纪中叶。当时，一方面由于英国发生了工业革命，另一方面也是由于考古发掘进展的影响，人们开始攻击巴洛克与洛可可风格的烦琐、矫揉造作以及路易皇朝后期的所谓古典主义的不够正宗，极力推崇希腊、罗马艺术的合理性。因此，当时的建筑风格被称为"古典复兴"。

古典主义在创作和理论上强调模仿古代希腊罗马，主张用民族规范语言，按照规定的创作原则（如戏剧的"三一律"）进行创作，追求艺术完美。我们熟悉的大英博物馆和圣保罗大教堂，就是当时的代表作品。这两座庞大的罗马风建筑都是由英国著名设计大师和建筑家斯托弗·雷恩爵士设计的。大英博物馆又称不列颠博物馆，位于伦敦牛津大街北面的大罗素广场，其建造整整花了45年的心血。圣保罗大教堂（1666—1710）曾经几度重建。现在我们看到的这座大教堂，是在1666年大火烧毁后重新设计建造的。

第三个时期，是18世纪下半叶到19世纪末期，建筑风格统称为"浪漫主义"。建筑上的表现是模仿哥特教堂的形式，以尖拱、细长柱为特征，主要特点是建筑线条向上升腾。英国教堂在平面十字交叉处的尖塔往往很高，成为构图中心，西面的钟塔退居次要地位。19世纪30年代到70年代的建筑风格，又称为"哥特复兴"，特点是尖塔高耸、建筑线条向上升腾、大窗户等，但平面上摆脱学院派古典主义十字形的形式，追求功能主义和实用主义。英国国会大厦（1840—1865）是哥特式的建筑群，壮丽中带有古典风韵，气势磅礴。

第四个时期，是19世纪40年代到20世纪初。这一时期主要是指维多利亚女王在位的63年（1837年6月20日—1901年1月22日），维多利亚女王是第一个以"大不列颠与爱尔兰联合王国女王和印度女皇"名号称呼的英国君主。她在位期间，是英国最强盛的所谓"日不落帝国"时期，直到第一次世界大战开始的1914年，都称为维多利亚时代。

在这一时期，一方面是信息交流频率极大提高。当一个建筑商创造出一个新的样板，很快就被传遍英国殖民各地，别的建筑商会将各种不同的风格糅和在一起产生独特的流派风格。另一方面是建筑材料生产的工业化，如拱形支架、栏杆的纺锤形立柱等。油毡的应用也启于此阶段。那么"按样式"设计制造便成为一种方便、廉价、普遍的标准，这为喜欢对所有样式的装饰元素进行自由组合的维多利亚式风格带来了最简便的机会，并使之最终击败了其他各种样式。在这一时期，维多利亚式建筑以简洁的形式重现了以往各个时代的古典风格，如：希腊风格、哥特风格以及文艺复兴风格。因此，维多利亚风格是一个很笼统的提法，它涵盖了许多不同的风格。在建筑上，最直接的表现就是历史上各种建筑式样的复兴在整个维多利亚时期形成一种风尚。哥特复兴样式在英国首先受到推崇。新兴的富商、资产阶级渴望过上与贵族同等的生活，他们对风格的准确性没有兴趣，因此经常随机地使用几种风格的元素：文艺复兴式、罗曼式、都铎式、伊丽莎白式或意大利风格。只是，维多利亚时期对这些风格的重新演绎并非只是简单的复制，而是加入了更多现代的元素，并运用了新的建筑材料，改进了原有的建造方法，从某种意义上说是对原有风格进行了完善，是对多种风格所做的融合。毫无疑问，以当时英国在世界上的地位以及影响力，美国以及当时的英国殖民地澳大利亚、新西兰、南非、印度等地也开始风行维多利亚风格。英国的殖民地遍布全球。维多利亚式建筑也随之传至各地。但建筑师会将维多利亚式建筑与当地的建筑风格进行杂糅，产生新的建筑风格。

维多利亚后期倡导节制、忠实、简单、直率以及平面和构图的合理性。因此，它在住宅建筑上成就特别大，对当代建筑产生了深远的影响。在维多利亚时代，英国的政治、经济、社会皆飞速变化，其最显著的结果就是富裕的中产阶级的剧增。财富的拥有及身份的提升唤起了中产阶级改变居住环境和室内装饰样式的意识，他们急于在住宅建筑上明确和标榜他们的成就，对于住宅也越发追求精美。"维多利亚"式也成为住宅建筑争相模仿的对象。

总而言之，"复古主义"与向现代建筑演进的"变异风格"交织在一起，交相辉映，共同构成了维多利亚时期的建筑乐章。

"维多利亚"时期英国本土建筑的代表作有：伦敦塔桥（1886—1894）、艾伯特广场、利物浦大学（1881）。伦敦塔桥是泰晤士河上诸多桥梁中，位于最下游的一座。塔桥以两座塔作为基底，采用哥特式厚重风格设计。艾伯特广场是曼彻斯特城的心脏地带，位于丁斯盖特和莫斯利大街之间，为了纪念维多利亚女王的丈夫艾伯特而命名。利物浦大学（1881）是英国最为古老的六所"红砖大学"之一。

第五个时期是20世纪初到20世纪30年代。维多利亚女皇在1901年驾崩，盎格鲁-布尔战争也在一年后结束。此后，英国国内的建筑风格又发生了巨变。由爱德华七世统治的9年间，法国的"新艺术"运动对英国的建筑风格影响极大。英国相当多公共建筑物都采用了爱德华时代巴洛克建筑风格，因此被称作"爱德华时期"。

爱德华时代的建筑师不再带有上一时代建筑师的折中主义品味，房屋不再讲求非常对称，而装饰也开始多样化，喜好富丽的装饰和雕刻、强烈的色彩，常用穿插的曲面和椭圆形空间，此外还有装饰性的山花和窗户等。

以上是古典主义风格在英国的演变历程，通过对这一历程的分析，可以帮助我们明确五大院建筑风格形式，回答文章一开始所提出的问题。

泰安道历史街区各院落鸟瞰

历史年代时期	建筑风格	建筑风格存在背景	建筑风格特色	代表案例作品
16世纪——17世纪初	都铎风格	是中世纪向文艺复兴过渡时期的风格，当时正是英国都铎王朝，因此得名"都铎风格"	建筑体形凹凸起伏。结构、门、壁炉、装饰等常用四圆心券，窗口则大多是方额的。红砖建造，砌体的灰缝很厚，腰线、券脚、过梁、压顶、窗台等等则用灰白色的石头	
18世纪下半叶到19世纪中叶	古典复兴	18世纪下半叶，发生了工业革命。由于考古发掘的影响，人们开始攻击巴洛克与洛可可风格的繁琐、矫揉造作	强调模仿古代希腊罗马建筑，用民族规范语言，按照规定的创作原则（如戏剧的三一律）进行创作，追求艺术完美	
18 世纪下半叶到19 世纪末期	浪漫主义	浪漫主义（18世纪60年代到19世纪30年代）封建贵族没落，他们抚今追昔，美化中世纪的生活和文化，留恋古代风格建筑	模仿中世纪欧洲的哥特风格，特点是尖塔高耸、建筑线条向上升腾、大窗户等。但平面上摆脱学院派古典主义十字形的形式，追求功能主义和实用主义	
19世纪40年代到20世纪初	"维多利亚"式	维多利亚女王在位的63年期间（1837年6月20日—1901年1月22日），是英国最强盛时期，都称为维多利亚时代	在这一时期，维多利亚式建筑以简洁的形式重现了以往各个时代的古典风格。维多利亚具有"复古主义"与向现代建筑演进的"变异风格"交织在一起的特点，共同特点是三角形山墙，房顶高耸，屋檐突出，轴轮状或扇形斗拱，有时尚有角楼，带门廊和柱子的阳台和浓重的铁质装饰	
20 世纪初到20世纪30年代	爱德华时代巴洛克建筑风格	维多利亚女皇在1901年驾崩，其后9 年间被称作"爱德华时期"。法国的"新艺术"运动对当时的建筑风格影响极大。英国相当多公共建筑物都采用了爱德华时代巴洛克建筑风格	爱德华时代不再有折中主义品味，新古典主义建筑风格复兴。喜好富丽的装饰和雕刻、强烈的色彩，常用穿插的曲面和椭圆形空间。此外还有装饰性的山花和窗户等	

一号院

建筑布局不再是对称式，形体自由，变化丰富。塔楼位于一号院一侧，不再突出竖向线条。建筑立面上点缀丰富的装饰和雕刻，此外还有装饰性的巴洛克式山花和窗户等

二号院
四号院

典型哥特主义风格，具有鲜艳华丽的房子，三角形山墙，高耸的屋顶，突出的屋檐，有角楼，带门廊和柱子的阳台和浓重的铁质装饰

三号院

维多利亚哥特在居住建筑中倡导节制、忠实、简单和直率以及平面和构图的合理性

前文通过历史时代的划分，清晰地梳理了英国古典主义建筑的演进过程。面对这样的发展脉络，天津泰安道地区，尤其是围绕"维多利亚花园"周边区域的建筑风格，呈现出什么样的历史逻辑呢？

在当时的历史背景下，英国于1860年在天津创设英租界并修建"维多利亚花园"，花园的历史详见本书《园起·缘生》一文。原英租界范围的南北是成都道至马场道，东西是贵州路至海河。当时五大道是居住区，维园周边是行政区，这种划分已初具规模。维园北侧与海河平行的是民国时期北方著名的维多利亚金融街，集聚了数十家银行等中外金融机构。维园是当时行政、居住、金融的中间枢纽。中华人民共和国成立后，道路改扩建，强填"墙子河"，将五大道与维园的物理空间分隔开来，但维园与"金融街"依然联通，为今后的复兴保留了一种可能性。

今天，乘坐高铁来到天津，站在火车站前广场迎面就会看到"津湾广场"。这组2009年起兴建的建筑位于金融街的起点，可见政府决策者是想打造天津站的门户形象，显示出在新形势下重振"北方华尔街"的雄心与愿景。走过百年的金刚桥，穿过津湾广场，来到现在的解放北路，街道是2008年前后修整成的满铺石丁的6米宽车道，两侧结合保存完好的欧陆建筑谨慎而精细地设置了路灯、座椅等街道家具。

穿过风韵绰约、浸透着岁月铅华的解放北路金融街，一个占地不大、绿意盎然的街心花园出现在眼前，让人们从对百年前的繁华尘世的畅想中回过神来。渐感疲劳后，视线豁然开朗，身心不由自主的放松暗示人们来到了舒缓与闲适的场所。这座花园就是维多利亚花园，是1887年为维多利亚女王50岁庆生而建的。花园北侧是戈登堂。

二、戈登堂

戈登堂是英租界的行政机构"工部局"，于1890年由英籍德国人、时任天津海关税务司长德璀琳（Gustav. van. Detring）力主修建，建筑由昌布尔（Chambers）设计，命名为"戈登堂"是缘于李鸿章对英军尉官戈登（Charles George Cordon）的由衷敬重。戈登是那个时代侵略者的代表，其历史作用自有评说。工部局大楼是带有中古时期建筑风格的青砖建筑，砖木结构，呈长方形平面，主体2层，局部3层；立面中心对称，两侧八角楼突出，中部亦设有突出的门廊，窗间没有扶壁柱，雉堞、垛口状女儿墙等都表现出强烈的都铎建筑风格。这座当时最高的建筑像一座城堡居于公园北隅，俯瞰着这个街区。

行走在维多利亚花园，犹如听到一曲由远及近的英国乡村音乐，旋律明快而优雅，公园的东侧充满英式乡村风格的建筑就是对百年前"利顺德"的复建。眼前的建筑在沉静中洋溢着异国情调，诱发人们对过往的好奇追问。

2012年，从解放北路（原维多利亚道）看丽思卡尔顿酒店（四号院）

20世纪40年代，从维多利亚道（今解放北路）看戈登堂（原英国工部局）

三、"利顺德"

1861 年，英国传教士殷德森（Inndcent）在海河边建造了一座简易英式平房作为货栈、旅馆、饭店使用。这就是最初的"利顺德"。

1886 年，"利顺德"被改建成一栋带有乡土气息的3层砖木结构的建筑。屋顶采用平坡样式，两侧豪华露台的木栏杆具有明显的装饰风格，角部塔楼开窗洞口的装饰结合了中国符号。该建筑所表现出的注重装饰、风格杂糅的特点，是维多利亚时期英式建筑向世界范围传播过程中普遍的倾向。

1924 年在旧楼北侧延建一座近代自由柱式风格的4层楼房。

1984 年在东侧由天津旅游集团及香港公司合作兴建一座7层楼房。

"利顺德"的建设过程就是西洋建筑在中国落地、生根、发展的过程。古典主义、近代风格集聚在海河之滨，见证了世事沧桑、时代变迁。百年风云际会，许多达官贵人留下踪迹与传说。如此丰厚的历史积淀引人感慨于沉思。

利顺德历史照片

利顺德现状

四、开滦矿务局大楼

从维园的北侧出来，西南侧是一座大理石的欧式建筑，延续了解放北路金融街的建筑风格。它就是开滦矿务局大楼。大楼外观雄伟，主体为3层砖混结构，坐南朝北（北侧朝向维多利亚花园），东西较长，平面呈矩形。外檐立面一、二层为10米高的14根古典爱奥尼克柱式空廊，两侧平面向外突出，墙面转角有壁柱装饰。三层带阁楼，柱头由紫铜板制成，做工精细。内部为3层通高大厅，周边布置办公用房，室内装饰雍容华丽，其造型是古典希腊建筑风格的代表。

静坐在维多利亚花园油漆斑驳的长椅上，四周的建筑暗暗地诉说着各自精彩的故事。百转千回，或高昂，或低吟，总是将人的思绪牵引回百年前的喧嚣……时光飞逝，当浮华随时代褪尽的时候，留下的只有镌刻着时代变迁历史的建筑。"都铎风格"的英租界工务局严肃庄重，"西欧乡村风格"的利顺德饭店自然轻松，"古典希腊风格"的开滦矿务局大楼静安一隅，加上中西合璧的维园，都在静静地为街区守望，聆听着复兴的脚步由远渐近。

围绕着维多利亚花园的，除了上述的利顺德饭店、戈登堂遗存、开滦矿务局大楼，还有第一饭店、安里甘教堂、美国兵营等16处建筑文化遗产。在这样一个凝聚天

一张旧照片，传递出的不仅是旧街坊，也是旧时光中人们的生活场景。从1887年《上帝保佑女王》第一次在维多利亚花园响起，这里成为英租界的永久性纪念物。

有些记忆是抹不掉的，如果强行使之归零，那么我们文化缺失所带来的损失会让将来的人们加倍偿还。

戈登堂历史照片

津近代历史变迁的区域开展建设是一个巨大挑战。单从建筑风格来讲，19世纪中期至20世纪中期正是维多利亚风格盛行的阶段。但在天津，除此之外又包含各种政治因素。在此时期，统治者就有四次更迭，围绕维园建筑的使用也不断变化。时至今日，市政府经过反复论证决定恢复历史街区，搬迁政府部门，还泰安道地区以历史保护街区原貌。

各位"园长"针对五个院落的环境位置、业态功能、体量容积，选择与各自相适合的风格加以发展。我们承担的二、四号院处在以维园为中心的南北轴线上，位置显著，其风格决定了整个五大院的建筑基调。经过权衡，"维多利亚"风格成为主导的选项。为了突出中轴线，二、四号院都采用中心对称的立面格局，竖向采用三段式，首层设置骑楼，屋顶高耸，扶壁柱强调了竖向线条，角部设置塔楼，门窗采用铁艺装饰。

一号院位于海河之滨。"园长"设置了代表性的钟楼。水平方向也是三段式布局。首层设置骑楼，立面强调体块组合的不对称平衡。建筑语言多采用爱德华巴洛克风格，对装饰进行简化和抽象，使其形体产生丰富的自由变化。巴洛克式山花令人印象深刻。

三号院在维多利亚花园西侧，与利顺德相对。"园长"在角部设计了塔楼，与利顺德呼应，在都铎风格的基础上进行了简化提炼。但由于气候等原因，沿维园一侧相对封闭。三号院内院采用台地处理手法，结合使用功能营造对外封闭、对内开敞的居住空间。保留下来的部分体现了设计师对历史街区的情怀。建筑风格带有维多利亚时期居住建筑的特点。

五号院在维多利亚花园西南地块，与开滦矿务局大楼共同组成院落。它是五大院中唯一的大型商业体，同时也是保护区的边界。朝向北侧维园的立面延续西洋建筑传统风格，强调竖向线条，装饰性山墙，屋顶开老虎窗；朝向南侧的立面采用现代简洁的手法，与街道两侧呼应，虽像双味冰激凌，但由于材料、色彩相近，不显得太唐突。整个建筑也是特殊区域设计师经过深思之后的折中之举。

五、结语

泰安道五大院的外檐风格是在2010年初市规划局审查方案的会议上正式通过的。当时，经过十几轮的修改调整，大家的干劲都快被消耗殆尽，希望能快些通过审查调整一下。对方案的层级管理已经使方案严重背离设计人的初衷，被改得面目全非，因此有希望快点通过审查、快些解脱的想法。但是当真的通过审查之时，大家在短暂的释放之后，反倒又背上沉重的责任，不约而同地感到社会责任在身上集聚。在天津为数不多的城市珍品周边，建筑自己团队的作品，各位"园长"包括我本人，大家对此都还没有充分准备好。成果要经得起历史的检验，特别是各种判断的结论，要经得起推敲。在体验过方案通过的短暂欢愉之后，更体会到责任的重大与实践的限制，唯有加紧工作，弥补不足，才能少留遗憾。责任提醒我们重新阅读历史，重新体验过往，因此才有了前面对民国初期"英式"风格的梳理与认知。最终经过理性的思考，科学的查证，确定了该区域的风格逻辑，即延续英租界"维多利亚风格"，结合新功能特点，创造没有陌生感的街区生活情境。

方案的确定对设计师来说是痛苦的过程，但实施中却有更多未知的挑战。三年的建造过程中，时刻担心设计团队"用力过猛"，对保护街区造成无法挽回的损失。建造期间研究各个细节，包括模型和样板墙，可以说是谨小慎微，力求精益求精、问心无愧。

在建造中也有过不同的声音，有人认为英式街区的风格不应复古，也有人以文物保护者自居，提出要兴建现代风格的建筑，通过风格错位来突显历史发展的变迁。这与我们最初经过理性分析的结论大相径庭。我们能够扛得起不同观点的争论，但决策者却有所动摇，当发觉这一情况后，我们立刻有针对性地进行游说，发表文章，论证天津风格的来龙去脉，经过几轮论战才坚定了决策者的决心。

海河沿岸历史街区

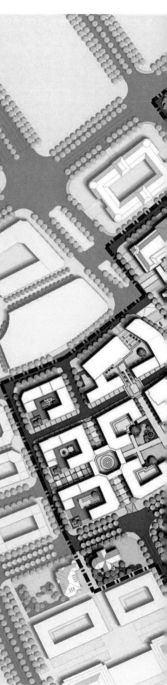

五大院的前世今生

The Past and Present of the Five Couryard

 田垠

> ……
>
> 今人不见古时月，今月曾经照古人。
>
> 今人古人如流水，共看明月皆如此。
>
> 唯愿当歌对酒时，月光长照金樽里。
>
> ——《把酒问月》 李白

正如李白当年面对明月时的感慨，人生短短几十年的时间，在明月面前显得那么急促。城市就像明月一样，看着一个个生命在眼前匆匆而过，记录下这些过客的悲欢，向今人述说他们的过往，用自己的繁华与落寞，在每个走进她的人心中投射出这块地方千相万象的前世今生。

由于从小在这块地方长大，使我对许多事物有着生动的记忆和自己的视角，它们都是我当时生活的一部分。随着年龄的增长，生活圈子也在不断扩大，逐渐发现这块地区的与众不同，了解到背后的不同故事。

那时，在我眼中，开滦矿务局大楼的样子超脱于周围环境。灰色的躯体、巨大的尺度、整齐的序列，让人从内心产生一种敬畏感。由于它当时还是市委的办公楼，楼前一直有人持枪站岗。于是，高台、巨柱、警卫，构成了我对泰安道地区的最基本印象。

和开滦矿务局对比鲜明的是美国兵营。虽然也是那个时期的建筑，由于一直以

泰安道五大院的历史变迁

来作为普通住宅，当时已成为大杂院的美国兵营完全没有应有的气势，有些像香港的九龙城——不大的楼里住了几十户人家，建筑外挑着晾衣杆，四周被私搭乱盖的临时建筑围绕，外墙由于反复粉刷和剥落而变得斑驳，完全看不出原本的清水砖墙，走进内部更是连下脚的地方都没有，只能说比较有生活气息。

不管在正式文件中叫作维多利亚花园还是解放北园，对我或其他当地人来说，她只有一个名字——市委花园。不要问我为什么市政府前的公园却叫市委花园，这是事实。20世纪80年代，还没有网络，没有电脑，一个公园就是孩子最好的乐园。其中两样东西让我印象深刻，一个是大象滑梯，一个是亭子的台阶侧石。那时的花园很少有活动设施，大象滑梯可能是当时附近最大的滑梯。男孩们喜欢用各种方式从上滑下，用以证明自己的胆量。比较夸张的是站直身子滑下，也没听说出过事。如果说大象滑梯是最大的滑梯，那亭子台阶的四条侧石就是最小的滑梯。由于两座亭子和花园同龄，近一百年来附近的孩子都把它们当作滑梯看待，于是每条侧石——特别是南边的两块被鞋底与裤子磨出两道凹槽，而且可以看出是孩子的尺度，算是一代代儿童留下的烙印了。（现在，这两样东西都没有了。）

还有一样东西也让我印象深刻，那就是海河边的铁缆桩。那时，沿着破旧的河岸，每隔十来米可以看到一个锈迹斑斑的铁墩，上面还可以隐约看到字母与数字。这些铁家伙就是铁缆桩，上面的深深磨痕记录了当年英租界治下的码头的重要与繁忙。这算是我对英租界的最初认识。

红房子
—
RED HOUSE

租借地时期的五大院

后来了解到地区的历史，才明白英租界在天津历史上的地位，明白它的建筑为什么如此独特；才逐步知道：利顺德曾经是天津最好的酒店，是重要政商人物在天津的首选，溥仪住过，孙中山住过，爱德华八世也住过；安里甘教堂和开滦矿务局在世界其他地方有同胞兄弟，用的是同一张图纸，而泰安道的这个是仅存的；泰安道地区是天津第一块租界，是新天津市形成的源头，也是中国认识世界的窗口……。对待那段租界历史，有人不屑，有人怀念。我觉得，正视历史是自信的表现，就像哈德良长墙，就像阿尔罕布拉宫，由于可以正视，才能以平和的心态去看待这块地方，才会有复兴这个地方的动力。

历史风貌区比历史建筑涵盖范围更广，记录的东西更多，同时也更难保护，更脆弱。风貌区不仅由许多老建筑组成，还是街道、景观、功能、记忆的复合体。这些事物或毁于战火，或毁于开发。盲目的开发建设会刮平肌理，抹去细节，混淆真相，就如同假古董做差了会降低整体格调，做好了就以假乱真。在这个意义上，历史不是个任人打扮的小姑娘，更像个被整容的欧巴桑。作为一个建筑从业者，作为保护工程的参与者，也作为这块地方的"原住民"，我希望，向所有人展示泰安道的真实面貌和未来的可能性。

黄声远在台湾宜兰的建筑实践，用坚守耕耘了地域的脉络，复兴了地域的活力，启发着本地区的设计。泰安道地区的建筑设计是黄晶涛总规划师主导、组织地域建筑师进行集群设计的一次尝试。集合的是志趣相投、在九河下梢生活着的、对天津的草木有特殊情怀的设计师。志趣相近让我们容易对历史街区的保护与复兴达成共识，使专业追求成为共同的理想；有情怀，让我们从事具体工作时不再考虑价值与回报，使工作成为共同事业。五大院项目正是在这种志趣相投与情怀相近的双重滋养下完成的。

面对这样的工程，难点在于如何定位。作为天津最重要的风貌区之一，泰安道在历史、风格、体量方面不同于上海新天地、北京后海，其老建筑的密度、街区尺度不同于外滩，历史定位不同于五大道。泰安道注定要走自己的路。

处在中心地带上的4号院，历史上曾是租界行政中心戈登堂及后来的市政府。新建筑外形定位强调了历史上作为行政中心的一面，与维园对面的2号院相互呼应，和维园一起，共同组成地区的中轴线。所以造型方面强调对称，塑造出严谨、挺拔的风格；功能上与相邻的利顺德饭店和1号院的精品酒店共同形成高端酒店服务区。

3号院连接核心区与现有居住区，地块范围是几块地中最大的，所以从规划开始就被"一大带几小"的方式分解成若干个院落，在尺度上适应居住功能，延续英租界原有的街区脉络，道路通而不透，利用高差创造了宜人的内部环境与沿街景观。

地块面向天津传统商业区小白楼，背靠传统行政中心，地块内的风貌建筑众多且风格非常之不统一。于是对5号院来说，工作重点在于解决新旧区域过度的问题。立面风格上切实成了"两面人"，向内古典，向外时尚；功能上定位在高端商场，对外延续了小白楼地区的商业氛围，对内不失地块的"精英"气质；5号院的超高层塔楼与南侧众多超高层建筑组成新的天际线，同时在建设强度上补偿了其他地块的规模，兼顾了经济利益。

由于是风貌区，新建筑的形式始终是争论焦点。一方认为，不能做假古董混淆视听，新建筑应该体现时代感；另一方认为，截然不同的建筑风格会破坏这块地方的面貌，新建筑外观应是地区的传统风格的延续。最后，"镶牙"例子说服了大家——现在应该没有人愿意张嘴就被人看到一个闪光的大金牙了吧。

当然，建筑间的关系不像牙那么简单，在确定了英国古典风格的方向后，还是要对传统英式建筑的元素进行现代化加工。一来，一些传统工艺已不适合现代的施工及使用需求，如抗震和节能，需要用今天的方法解决；二来，单纯的模仿不是目的，不能让观者拿新建筑当历史建筑参观，新建筑要体现时代性。所以建筑师的工作贯穿了设计到实施的始终，他们把泰安道工程当作自己的事情去投入热情，不计较经济利益，精益求精地完成工作，与建设单位结合，把恢复传统手工工艺与对其进行改造相

泰安道新建筑

结合，探索出许多适应风貌区建设的工艺；同时在项目中强化样板墙等步骤，与精细化设计相结合，完善了现有建设流程。既保证了这个工程的建设水平，也为日后的类似工程进行了探索。

有感情投入，可以激发创造力，但受伤害也更令人痛苦。维园整修后，几名建筑师惊讶地发现，原本亭子下的条石基座与台阶被换成崭新的石板，那些刻满回忆的老石头被完全当作废料清理了。这把大家伤得不轻，叫喊追究责任者有之，当场爆粗口者有之，动用各方手段去追寻者有之。但一切都晚了。正如那句话："往者不可谏，来者犹可追"，我们能做的只是相互守望关注，避免类似情况再次发生。

不过所幸瑕不掩瑜，花园最终还是保持了应有的尺度风貌，起码在游客眼中是个很有味道的花园。在我看来，真正有价值的不仅是可用规划、建筑理论来诠释的元

新泰安道四号院

素或是其他什么，而是在其中留下的时间痕迹。就像当我们来到一座欧洲古城，感叹于她的气质与美丽，其实是被她的历史厚重感所触动。当今中国的飞速发展，使得城市也要飞奔才能满足人们新的需求，而城市的改造使得人们再去寻找儿时的环境已不可能。泰安道地区就像心灵的归宿，任你走出很远，回头时，她还站着那里，微笑地看着你，让你知道，无论去哪里，她都在这等你。也许这就是城市中历史风貌区存在的意义——以经济、文化的名义凝固了历史，让人有一块寻根之地。

建筑师在此情此景下，能做的、该做的是使地区符合经济的规律、时代的需要，同时解读、延续地区的脉络，同她一起成长。

工作至此，善莫大焉。

随感 I：建筑师的三态
Informal Essay I: Three Status of Architecture

✕ 文 赵春水

生态

随着我国建设的快速发展，国外建筑师一夜之间占领了国内主要公共建筑设计的市场，从大家耳熟能详的国家大剧院、奥运场馆到各地区的代表性建筑。几乎所有的大型建筑设计都有国外设计师的身影。这一方面体现了国内设计市场向世界开放的态势，同时也表现出国人对各种建筑作品的包容与豁达。就天津而言，自2007年开始，所有公共建筑的设计都有外方参与，有的甲方甚至提出，"中方设计单位不能单独参加项目投标，必须与国外公司合作才能参与项目。"这种带有歧视性的条款成为一时的行业规则，可想而知，国内设计师的生存状态十分恶劣。

造成这种社会盲动性的原因很多，客观上是业主即社会主流对审美的缺失，抑或是对建筑认识的误区，造成对潮流的跟风盲从；主观上是建筑师群体长期脱离现实，远离现场，忽视需求，失去业主的信任，造成被业主拒绝的现状。经济进入新常态之后，投资急剧下降加上设计市场的完全开放，使得以后合作的机会都会渐失，更谈不上独立担当了。在这样充斥着"内忧"——经济不景气、"外患"——国外同业竞争的生态环境之下，我们该如何突围？

心态

同新入职的学生聊起设计行业的特点时，许多人的共识是，建筑师是可以有机会实现"自己"理想的职业。是这样吗？更全面的理解是："设计师有机会借助'别人'（甲方）的资金来实现'自己或共同'理想的职业"，建筑师提供的想法通过资金的介入才能实现。所以，面对业主的各种抱怨不应有太多委屈，直面竞争与挑战才是解决之道。

更何况建筑的完成不仅是建筑师的独舞，更是与甲方或业主的共舞与合谋，只有调整好大家的节拍才能成功。

既然我们无力改变大环境，那么我们可以做到的是调整好自己。经常有甲方（业主）抱怨找不到好的设计师，设计师也牢骚满腹，认为甲方（业主）的品味实在欠佳……在这种状态中纠结的设计师一定没有精力去做设计了。作为职业建筑师，应培养平和的职业心态，合理判断甲方和项目。按以往经验，政府投资项目更多追求空间与形象，往往忽视建造的技术性与使用的经济性；而开发商的追求则以经济利益为目的。据此逆向思考，发现其中端倪，弄清楚不同甲方（业主）的诉求，剩下的就是建筑师调理好自己的心态，用手艺为他们准备好一盘兼顾理想与现实的大餐了。

状态

台湾有个建筑师黄声远，在宜兰带着志同道合的小伙伴们深耕多年，从事反映地域文化、技艺传承的建筑设计及环境设计。这类事件虽然是个人行为，但它为设计师的未来职业状态带来新的景象。"人人参与设计，人人都能设计"使环境设计、建筑设计不再高高在上，不再成为受过专业训练人士的独享，结合用户、材料、工匠、设计师共同完成设计与建造，使建筑回归建造的本质。设计师俯身工作的状态让各种建筑材料以及反映各自特点的表达回归自然的力量。使建筑回归本源的前提是建筑师回归自然的"工匠"状态。互联网的普及与进化带来了服务模式的日新月异，以提供技术服务为行业定位的建筑设计，最终也会被卷入多元、分散、均质的网络竞争中，而对服务对象特定化量身定制式的贴身服务也许会成为未来设计的主流，用户与设计师直接交流，摆脱开发商的控制，让设计满足最终需求，是可见的发展方向。面对严肃的生态，要进入自然的状态，需要保持平和的心态。建筑师具有了平静强大的心态，才能达到追求自然的状态，最终创造出适宜的生态。

传统
——
复刻

园起·缘生——维多利亚花园建设纪实

Documentary of the Construction of Vitoria Garden

 邱雨斯

　　"这是一个英国人建造的花园，里面放了一个中国的亭子。"这是我印象中关于维多利亚花园最简明的介绍，源于我的近代建筑史老师。

　　如果你是第一次来到这座花园，也许不会觉得她很特别。就如许多寻常的城市花园一样，碧草青石，苍松翠柏，在花木掩映中，有一大一小两座典型的中式园林六角攒尖亭子，临路的一侧设有几处坐凳，如此而已。如果以略微苛刻的眼光去审视，她不过是一处街头绿地的规模，只是其中的树木似乎更茂盛一些。

　　这是一座有着126年历史的花园，最初的名字叫作维多利亚花园（Victoria Park）。

　　1860年（清咸丰十年）冬，英国人在海河西岸划定460亩土地，是为天津英租界——天津被迫开埠后的第一个外国租界。维多利亚花园即在最初划定的"原订界"界址中，彼时还是一片淤泥水坑。

　　那时旅津的英国人大多不愿意在租界区定居，因为天津"孤城近水舟多泊"，旧城厢外围地势低洼，且多泥沼坑塘，修整土地实在是需要大量人力物力开支。维多利亚花园所在的土地为英国工部局（The Municipal Committee，即今天的市政委员会）结合海河清淤工程，筑土填方整理出来的一块用以休憩停驻的公共绿地。

　　随着天津各国租界区的增加，对租界区物质空间的规划建设也逐渐演变成帝国主义列强彰显其国家实力与形象的舞台。维多利亚花园便诞生在这样的历史环境中，

维多利亚公园历史图片

作为租界区的生活基础设施，用以昭示其执政者亲民仁爱的人文关怀。

　　1887年6月21日，英国工部局将精心修葺的花园正式定名为维多利亚花园，并向民众开放。这一天是维多利亚女王（1819.5.24—1901.1.22）登基50周年的纪念日。英国工部局以维多利亚花园的落成，遥祝维多利亚女王登基50周年，并在园中举办隆重的庆典活动，也即开园仪式。维多利亚花园也因此被视为永久性纪念物，其后每逢重大节日或纪念日，均在园中举办庆祝活动。工部局对维多利亚花园的修整，使她成为真正意义上的近代城市公园，不同于中国传统的私家园林。

　　作为天津的第一座城市公园，在某种程度上，维多利亚花园继承了中世纪欧洲城市广场在城市生活中的场所使命，成为区域户外生活与聚会庆典的重要场所。随着英租界区域规划的日益成熟，维多利亚花园作为区域中心的价值愈发明确而醒目。

　　维多利亚花园东邻今解放北路（初修筑于1870年，时名维多利亚道，Victoria Road，亦称中街），南邻今泰安道（时名咪哆士道，Meadours Road），西邻今大沽路（时名海大道，Taku Road），占地18.5亩（约1.23公顷）。花园周围遍布英租界的重要建筑，如始建于1863年的利顺德大饭店、建于1890年的英国工部局办公大楼（即戈登堂，Gordon Hall），以及花园大楼、开滦矿务局大楼等。这些在历史上留下重要印记的建筑，将维多利亚花园四面围合起来，通过街道空间关系的节奏变化创造城市空间的层次感，以强调维多利亚花园的重要纪念性意义。

许多人倾向于将维多利亚花园定义为折中主义风格的园林作品——也许是因为她诞生于19世纪这个本就是折中主义形成并流行的时代；也许是因为折中主义的另一个名称"集仿主义"，很容易使人望文生义地理解为"任意模仿历史上各种风格，或自由组合各种式样"。会有这样的定义，究其缘由，大约是因为维多利亚花园的几何式园路布局与花园中心的中式凉亭看上去似乎有些矛盾，看起来非中非洋，大约刚好符合"集仿"的特色。或说是英国殖民者为满足中国人的审美情趣而在花园中心特意放置了一个纯粹的中国亭子。

早在18世纪上半叶，在英国本土的园林中就有中国建筑物的身影。贵族们以追逐效仿中国风格的事物为乐趣，小到衣着、配饰，大到家具、摆设，乃至园林。模仿中式园林并不是一件容易的事情，文人雅趣看起来固然美好，但若想仿照描摹其中意境，则需要相当熟稔中国文化才可以。但是学些皮毛还是可以的——依葫芦画瓢地建造几座亭、榭、桥、塔之类的建筑物，总是相对容易些的。绅士们认为这些建筑物是造景的重要元素，是构成风景的主体。所以，在自家庄园的疏林草地里摆个中国风味的亭子或桥，几乎成了当时最时髦的园林形式。后来法国人为这种园林起了个名字，叫英中式园林（Jardin Anglo-Chinois，又译为英华园庭）。

我的建筑史老师把维多利亚花园归为标准的英中式园林。只是中央景亭的中式风格过于地道了，反倒让人觉得与总体布局不搭调。若是换个造型怪异的外来亭子，也许倒没有这样大的反差。大约因为建造此亭的工匠本是地道的中国人吧。那么，维多利亚花园或许不是英国殖民者对本地华人的讨好，而可以算作中国文化输出的再回流，也算是有趣的文化交流。

从落成到现今，维多利亚花园已经伴随着天津这座城市跨越了3个世纪。在这一百多年间，维多利亚花园见证了其周边地区从滩涂港口变为鼎盛一时的"北方华尔街"，也见证了城市的政权更替与时代变迁。1941年太平洋战争爆发，日本全面接手各国在华租界；1942年英租界被移交汪伪政府；1945年抗战胜利，国民政府宣布收回英租界，至此，所有在华租界全面收回。由于战乱而处于建设停滞状态的泰安道地区，因其建筑大多保存完好，在1949年以后成为天津市的行政中心。因天津市政府进驻戈登堂办公，维多利亚花园也随之被市民们称呼为"市府花园"。史海钩沉，在不

年别	名称	备注
1860年	无正式名称	初为水坑，后经简单填埋成为公共绿地，作为平时休憩打球之用
1887年	维多利亚花园	为庆祝维多利亚女王即位50周年而得名。因其是英租界的第一座花园，又名"英国花园"
1890年	戈登花园	花园北侧建成戈登堂（Gordon Hall）
1942年	南楼花园	维多利亚道改名为南楼街
1945年	中正花园	维多利亚道改名为中正路，后不久又更名为"美龄公园"
1949年	解放北园	维多利亚道改名为解放北路。又因戈登堂改作天津市政府办公楼，又被称为"市府花园"

同的历史时期，人们对她的定名体现着不可磨灭的时代烙印。我们更愿意称呼她的闺名——维多利亚花园，维园。

如果用夸张一些的修辞来定义泰安道五大院工程，这句话可以被写为：一切缘起于维园。1976年的唐山大地震几乎毁灭了这片地区为数过半的建筑物，其中包括市政府的办公楼——经历了近一个世纪风云变幻的戈登堂，震后仅剩东侧的一隅。由于人口不断增长，对居住建筑的需求日益增加。于是，震后的废墟上逐渐建起了各类质量良莠不齐的建筑群，这对地区风貌的影响是不可避免的。

应运而生的新"五大院"工程便是由保护地区风貌而起。经过规划师、建筑师的反复推敲梳理，所有的道路骨架、建筑肌理都以维园为中心，推演出街廓的基本尺度，继而发散到道路结构，与保留的老建筑们发生关系，完型成为一种类似"奥斯曼式"街区的区域城市肌理。

维园的存在，更像是家中的老人。这位老人是一个家族中的精神领袖，象征着家庭的凝聚与团结。老人在世时，则年夜饭一定是所有家庭成员尽可能地聚在老人身边吃团圆饭。当老人不在，那么家庭聚会可能不再有伯仲叔季之间的参与，这个家庭也就不复存在。

所幸的是，对于泰安道地区而言，维园一直都在。以维园为中心的泰安道地区，无论经历怎样的变迁，都不能忽视维园的存在。在三个时代中，所有的建筑都积极与维园发生关系。

　　伴随着泰安道五大院的建成，其周边地区也进行相应的提升改造。这一次对维园的改造更像是一次全面的翻修，更准确地说，是对硬质景观元素的翻新。对维园的改造或许会存在许多争议。没有人可以承诺维园的这一次改造可以让所有人夸赞。或许很多人更为认可她往昔古拙质朴的美丽，或许更多人对她今日的崭新的面貌一见钟情。每一次旧貌新颜的交替，是城市对维园的为继之举，是时光对维园的打磨。

　　在百年的时光中，维园在渐渐适应这座城市。人们似乎以为她从来就是静默的，不言语，不作为。但实际上，她的存在本身就是一种作为，她不言语，却不能被人忽视，她以独有的魅力，慢慢影响着这个城市发展的脉络。

　　维园是泰安道地区里最动人的存在，这也许应该归为126年时光的意义。

从维多利亚花园的中央凉亭看向丽思卡尔顿酒店（四号院）正门。维园与酒店互为前庭与后院。站在这里，四号院更像是维园身后的秘密花园。

破"净"重缘

Creative Design Review of Two Courtyard

 张润兴

回首泰安道五大院工程，距离最初牵手泰安道二、四号院，转眼已是六年飘然而过，激情燃烧的岁月留下的影像依旧历历在目。而静心之后细细品味过往点滴，青梅竹马后的牵手之缘更是令人唏嘘不已。

一、冰解的破

天津作为四大直辖市之一，在改革开放之初的发展始终有些不愠不火，市容市貌为人诟病，原天津市委、市政府等机关办公所在地的泰安道地区，更是曾经屡屡被外人讥讽"还不如我们的县政府呢"，言外之意就是"破"。

鸟瞰原天津泰安道地区的市委、市政府区域（2005年），无论如何，泰安道作为天津的"皇道"（津城百姓对于泰安道的俗称，因该地区的市委、市政府最高行政领导出入均经过此道路），从勤俭务实的角度出发也不该有破败的景象。为此，2004～2005年天津市组织并实施了"泰安道街道环境保护与整治规划"。不得不叹服历史街区的魅力（泰安道原为英租界的咪哆士道Meadours Road）。没有大拆大建、仅仅是梳理一番，完工后的泰安道所展现的法桐浓荫、风貌情怀已令市民为之动容、兴奋雀跃，也感染了实地考察的评委。2006年，该项目斩获建设部一等奖。2007年，泰安道的安里甘教堂随即吸引了导演陆川将之作为电影《南京！南京！》的取景地。泰安道地区再次有了时代的脉搏。而伴随喜悦的同时，原本一并拓展规划的"政府北"、"市委南"等项目却因楼堂馆所禁令戛然而止，令人在扼腕叹息之余，也对这

片街区的未来怀揣了希冀。

伴随着天津海河综合开发、迎奥运市容整治，海河沿岸风起云涌、日新月异。尽管泰安道地区依旧如深宅大院般寂静如初，但随着之前规划的"政府北"项目在2007年续转为城投大厦，似乎也便暗示了泰安道地区的即将"开埠"。而事实上也是，在同一时间段，附近的海信广场、商委大楼、公积金管理中心、津门津塔等的建设纷至沓来，一场由外及内的"围城"已然形成。最重要的是，在这个时期，天津的发展不仅迎来了历史机遇，同时在城市规划和城市特色发展的取向上也有了更加统一明晰、科学合理的指引。先后规划确定了市级商业中心、体育中心、文化中心、迎宾中心、政治中心等，也基本明确了城市特色：大气洋气、清新亮丽、中西合璧、古今交融。这一切都为泰安道地区即将的"破"茧成蝶打下了基础。

二、源清流净

经历了2009年初开始的北洋园电子信息职业学院项目为期半年的紧张忙碌，尚未喘息便被告知要投入下一场战斗——泰安道五大院（初始阶段尚未定名为"泰安道

泰安道街道环境保护与整治规划（2004—2005年）
泰安道地区设计项目巡礼

五大院"）。接触项目之初，不免还是有些诧异，不仅仅是因为近在咫尺的2005年规划的"政府北"等项目折戟在楼堂馆所禁令中，更加咋舌的是，此次提出的项目开发规模之大令人有些不敢相信，超出"政府北"等项目的数十倍。

　　泰安道地区历史上属于英租界的原定租界，即使有后续的扩张，也依旧属于英租界的高端核心区域。区域内汇聚了利顺德大饭店、英租界工部局戈登堂、英国球房（现天津人大办公所在地）、原开滦矿务局大楼、纳森旧宅、原泰莱饭店、安里甘教堂和原英租界维多利亚花园（现解放北园）等。其街廓尺度、建筑遗存、历史风貌不仅依旧保持着百年前的韵味，而且资源富集。正是因为有了这样的基础，在最初讨论项目的定性时，参与各方不管是管理方面、规划方面还是建筑方面的，都毫无争议地确定了英式风格。随着项目方案讨论深化，为重塑传统街区尺度，以建筑围合街道的理念为指导，进一步确定了区域建设采用欧洲传统的、沿街贴线率极高的围合式布局，也就出现了所谓的"五大院"。五大院各个建筑设计团队的英式风格元素没有被强求统一，而仅仅限定了中观层次——色彩，五大院的外檐统一为红砖色。这不仅在开发强度数倍于原有历史街区之后传承了文脉，同时也获得了传承变革后保持尊重态度的、具有时代特征的统一和谐，却又不失多姿多彩和各个大院的独立个性。街区原有的历史建筑如同珍珠散落在泰安道五大院地区，新旧搭配，老少同堂。尽管在这一

鸟瞰原天津泰安道地区的市委、市政府区域（2005年）

有机更新的过程中，"五大院"于体量、色彩、风格甚至对区域复兴的宣传和影响力都早已超越过往，但这又何尝不是源清流净呢。

三、困难重重

2009年8月，泰安道五大院工程正式开始。五个大院分配给了四家建筑设计单位。我们承揽了五大院南北中轴线上的二号院和四号院，其初始业态为奢侈品聚集区和超白金五星级酒店。如果仅仅配合规划的效果图，或许没有什么，但知晓了任务的实际推进，知晓了时间的紧迫性也就意味着，尽管面临种种参数不确定，种种设计流程周期不尽合理，但必须杜绝翻车和回流现象。这就意味着，貌似循序渐进的每一步，实际都需要考虑和承担大量后续工作的前置并行推进，至少能够凭借思维为后续步骤做到基本掌控，而这是需要设计师的经验意识来主导的。向下看看，几位团队人员；向上望望，没有合作单位和外援——只有自力更生、艰苦奋斗！

建筑设计团队介入项目初期，诸多信息的碰撞和交流让之前看似定稿的规划变得飘摇，但在片刻的修正后便高效地运转起来。现状调研和规划同步推进，业态招商和规划布局同步推进，规划和建筑同步推进，新建建筑和保护建筑同步推进，平面和立面同步推进，地上和地下同步考虑（规划地铁四号线穿越基地范围）……建筑师习惯传统的上位指导下位、定量推导变量的按部就班模式没有了；传统的从科长到处长，到局长，到市长的递增汇报模式没有了。一切开始很美好地以设计师的思考为中心，没有丝毫繁文缛节，主管领导认可就OK。而这美好的代价就是没有了空闲，"五加二、白加黑"的运转，指望上位条件做好规划，建筑师往里填充；指望科长、处长向上汇报能间歇两天都已经成为过去式。建筑师作为兜底，此刻别无选择地要参与各个上位要素的调研、研讨和制定，同时还要做好自己兜底的专业成果。

四、天假良缘

对于建筑师而言，生平总会有N多次的第一次。泰安道二号院作为奢侈品旗舰店，其实质设计内容没有特殊和复杂性，可以考虑为商业和办公。但四号院的超白金五星级酒店，却是自己第一次接手酒店设计。或许最重要的不是面对第一次的懵懂，或许要命的不是第一次就赶上了复杂的超白金五星级，而是时间紧迫得连临时抱佛脚的学习都显得那么苍白无力。但现在回顾起来，似乎经验意识、赶学比超之外，又在冥冥之中多了许多机缘，以致设计中诸多沟沟坎坎的化解可以戏说成上天恩赐良缘了。

在泰安道五大院的总体区位中，一号院在东区，二号院和四号院位于中区，三号院和五号院在西区。同时在中区内，由南向北依次为：二号院、解放北园（原英租界维多利亚花园）、四号院以及城投大厦，它们自然而然构成了南北向的轴线空间。而如果以解放北园为中心，则利顺德大饭店在东侧，二号院在南侧，三号院在西侧，四号院在北侧。或许正是基于上述的考量，最初的规划定位为，二号院建筑限高18米，四号院建筑限高24米，俨然是为了尊重历史文脉（二号院有一半围合建筑是历史保留建筑，四号院东南侧毗邻著名的利顺德大饭店），围绕解放北园打造温馨的尺度氛围，现在想来也是可爱，庆幸不是上位绝对指导下位。

一方面，如果按照规划设想将四号院南北两个分区合并作为酒店，指标问题不严重，但服务流线过长，周长近500米，度假型酒店可以接受，却不适于城市型商务酒店；另一方面，如果酒店集中到四号院南侧，则五星级酒店的大量公共配套，诸如

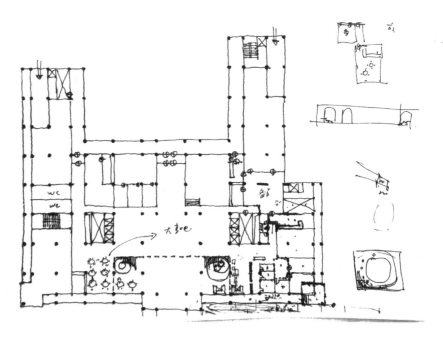

四号院南区的五星级酒店平面草图
中轴线上由南向北依次：二号院、解放北园、四号院、城投大厦

康体、餐饮、宴会等将耗费大量面积指标，四号院南区剩余面积难以保证酒店经济效益运行所需要的客房数量，最终将大幅度调整城市设计限高。而方案初步定稿后，进京拜会万豪酒店管理集团副总裁林聪先生时，也验证了做出这一改变的重要性。记得当时看过方案后，尽管酒店已经集中到四号院南区，林总认为主要不足还是服务流线过长（四号院南区为"U"字形，总长度两百多米），但考虑到有将近300套客房的规模，可以通过日后调整分区管理来弥补。于是也就有了二号院的"谦卑"、四号院的"高大上"了。

五、由里及表

1. 二号院和四号院的"体型"

由于泰安道二号院和四号院位于南北中轴线上，且隔着解放北园遥相呼应，为了强化隐形的轴线关系，设计采用英式传统的对称布局。但由于两个大院业态内容、功能分割、自身高度的不同，尽管临泰安道建筑延展长度均在100米左右，段落划分却不能相同。

二号院是奢侈品店集聚区。为了能更好地发挥不同楼层功能，同时也为了更好地匹配销售、展示、保管、办公等环节，平面被水平分割成不同单元，每一个单元在竖向上都是独立入户的"一跃四"，而不是一般的商场模式。或许那时候脑子里一根筋想到的是："奢侈品=珠宝店、手表店"吧，为了减少店面差异化，因而采取的是近乎均质化的单元划分，而这种平面的内在韵律又无形之中很匹配英国中世纪的风格韵律，于是最初很坚定地给二号院戴上了古旧面孔。尽管效果不是很理想，却也能以"内在决定外在"来自我安慰。直到有一天听招商情况汇报，"……劳斯莱斯汽车展示店可以大一些，内院里面也可以放上两辆老爷车……"。恍然大悟，从此段落均质化划分的强迫症没有了。最终定稿方案是，通过五个特殊立面单元的介入，将狭长的体型进行了完美的段落划分，大小不一的面积规模也为不同种类的奢侈品旗舰店的引入提供了多元化选择。

四号院定位为超白金奢华五星级酒店，最初拟招商引入的两家酒店是丽思卡尔顿和四季酒店。其自身规模及在中轴线上的位置，使其义不容辞地担当起空间统领。而段落的划分却只是应了一个简单疑惑问题的解答。由于规划设计限高和300套客房

酒店宴会厅内景图，奢华的超白金五星级酒店公共区（康体、餐饮、会议等）

规模的要求，设计中连坡屋顶都被利用来布局作酒店客房了。带着些许疑惑问询业内人士是否可行，被告知还算能接受。继而询问，如果标准层因为诸多立面特殊变化的介入，导致客房出现诸多大小不一、进深不同，是否可行？被告知除了标房、大床、套间等的差别，尽量别在同类客房中再出现五花八门了，否则要变成特色主题酒店设计了。于是形体的段落划分始终秉持着减少特殊立面单元介入。同时，为了保持酒店正面形体的"高大上"，为了保证院落空间和北区较好的采光，以及宴会厅大量非住宿人员的独立出入(主要是考虑婚宴人员)，大跨度空间的宴会厅放置在了酒店主入口高层的北侧。

对比二号院段落的由简入繁，四号院却在努力化繁为简，但无论哪一个都离不开对内在的理性思考。因为有了"身材"、"体型"的外在良好塑造，才能保证超白金五星级酒店的面积能够奢华，客房规模能够实现最佳效益，功能布局和流线关系合情合理。在经历这样的阶段后，在规模数据尤其是客房数量的督导下，在后续的具体建筑设

二号院建筑立面图
（奢侈品聚集区）最
初方案的均质化划分

泰安道二、四号院的"身材体型"构思草案

计中，自己竟不知不觉地从客房标准层逐步推导设计，而不是由复杂的下部公共区域开始。事后与专业人士闲聊，方知自己在无形中走对了酒店设计的正确流程，幸哉！

2. 二号院和四号院的"服饰"

泰安道五大院的建筑设计，按照最初的讨论总结，除了在总的格调上采取英式和砖红色之外，并没有额外的要求。相反，根据之前各家设计单位曾在海河教育园区北洋职教园合作的默契，应该是每个大院都要呈现自己的个性特征，整体和谐，

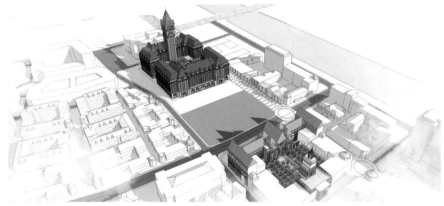

主管领导眼中有些"鬼魅"的泰安道二、四号院方案

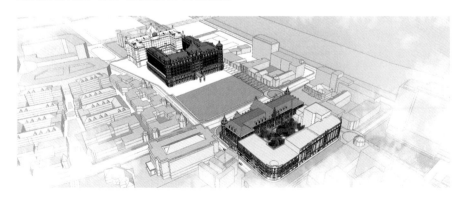

主管领导定稿的泰安道二、四号院方案

而不是整齐划一。我方虽然同时承接了两个大院，但最初的二号院和四号院也的确是在前述思路指引下进行的。但或许是这两个大院在南北中轴线上、又隔着解放北园遥相呼应的缘故，两套不同"服饰"的建筑，加上东西两侧的利顺德大饭店和三号院，看上去总是感觉缺少有机关联。直到四号院的身材突然地高大起来，直到二、四号院的服饰统一起来，才豁然开朗。不仅隐形的南北向中轴线被强化了，围绕解放北园的空间形态不论是"太师椅"之说，还是"山之南"风水宝地之说，似乎也有了更好的诠释。

二、四号院最终的"服饰"定格可以说是内在推导和理性思考水到渠成，不可避免地也夹杂着机缘巧合。参与项目大约一个月后，突然某一天被告知领导转天要听五大院的建筑方案汇报，有些始料不及。因为那个时候，关于限高、规模、招商、地铁线位等都还处于不断的修正调整之中，业余的时间精力也都投入到了酒店设计的学习中，并未太多考虑"宣传画"。但军令如山，也只好抓大放小地如期完成Sketch Up模型。除了高度、规模、体量、风格的展示外，具体的细部刻画还很不够，却不可思议地过关了，没有任何非议。

尽管相隔一天，但重新审视方案并结合一个多月来的酒店设计学习，很快便有了方案外在表现的整体思路：破除满墙红，下部改用法式风格惯用的石材，以此呼应酒店内部公共区和客房区的上下段落划分；在立面石材部分引入骑楼空间造型，以解决众多出入口、雨棚、招牌等大小不一带来的立面景观破坏（前期招商时曾讨论不排除引入卡地亚等品牌入驻四号院酒店公共区）；为了凸显英式风格又不过多影响酒店客房，立面特殊单元仅设置在酒店"U"形平面的主入口和转角处，分别对应内部客房区的大套房和楼梯间。同样为了避免影响套房，也为了加强四号院对中轴线的统领，在主入口特殊单元中重点处理突出屋面部分的造型，而观景楼梯则利用宽敞的八角造型空间为客人提供移步换景的观赏视角；客房标准层作为立面主体，为了打破呆板，借鉴了利顺德大饭店的阳台元素，这在度假型酒店也是惯用的……一系列依托于理性的、内在思考的外观集合效果最终在黄金周后被主管领导拍板定案，两座中轴线上大院的"服饰"完成统一大业，并在随后伴随设计深化的每一步而不断调整，不断尽善尽美。（后续正式引入的是万豪酒店管理集团旗下的丽思卡尔顿酒店，在方案调整以及对接其酒店设计导则后的工程深化设计中，高度、规模、平面等均出现调整。）

泰安道五大院中轴线上的二号院、解放北园和四号院（丽思卡尔顿酒店）

六、破"净"重圆

　　从2002年初次接手泰安道十三号设计开始，便与泰安道地区结缘了。随后的岁月里，先后经历泰安道整治规划、政府北、市委南、保定道机电进出口公司、城投大厦、金融城38号地等项目，似乎永无停歇地纠结于此，难以完结。直至泰安道二、四号院，终于画上句号，破"净"重圆。

零距离 ——浅谈景观弥合作用
Zero Distance

 田园

　　"建筑与基地间应当具有某种经验上的联系，一种形而上的联系，一种诗意的联结。"

——斯蒂文·霍尔

　　景观就是这种"连结"的介质，它在建筑退场之后登场，作为一个中间介质传达城市文化，展现街区表情，活跃人们的情绪，缝合建筑和城市的关系。

　　泰安道这种"弥合"做得很妙，整体实践工程可以为后续工程提供力量。这个工程在时间这个纵向的维度里使文化沉淀更加发光，准确把握住了泰安道街区的文化根脉，运用现代手法诠释了传统的英式街区，恢复了1860年泰安道地区的当日之风："街道宽平，洋房整齐，路旁树木、葱郁成林。行人蚁集蜂屯，货物如山堆垒，车驴轿马，辄夜不休。"同时营造出不同主题的五个院落空间，每个院落中由不同时期、不同地域的文化相互碰撞，形成带有独特天津印记的场所。更重要的是，在景观实践中与人建立一种对话联系。不仅运用植物、艺术、景观理念去引导人们更加深刻地认识这个街区，也让大众主动参与到街区的文化活动中来，能从空间、建筑物、城市中得到愉悦，或放松驻足，或攀谈交往，都为街区注入了新的生命力，也为城市生活质量提供了环境支持。

一、时光·【文化浇灌】—— 与历史零距离

　　走进泰安道，你会发现整个街区的主角不是优雅的街道，不是精致的建筑，而是一个公园。维多利亚花园（今解放北园）始建于 1860 年，园内曾有戈登堂、火警

维多利亚花园景观

钟、欧战纪念碑等物，皆为天津一时地标。该园作为天津首座租界公园，在规划、建筑、植物造型等方面都具有折中主义风格。当年因纪念维多利亚女皇即位50周年而建，又以之定名，故带有一种对于祖国的思念。维园作为一座记忆桥梁，消解了当时英国人的思乡之愁。126年后的我们身处维园之中，随着项目的不断深入，深刻体会到那种慰藉，感受到园子的灵魂，想把这种抽象的感情沉淀运用具体形式表现出来。

思考：以什么态度对待原有的东西？

我们的团队曾努力用"时间刻度"这样一个概念去给人们一个信号，希望人们对维园身世发起追问，站在时间的立场上对这座被126年文化浇灌过的园子感同身受。

后来我们发现大家可能更倾向于接受符号化的表达，但这种具体的意向也许将会是一种局限。最终我们打破"要具体化"的想法，觉得不如在这个园子里做一些放松的尝试，保护好场地内的所有植物，坚持传统的布局，以四条辐射状道路通往四个角门，合理摆放园内的休闲座椅，保持园子"随意中蕴含着规律，粗犷中汇聚着精巧"的场地气质，用最简单的方式为步入者提供零距离接触街区历史文化的机会。

新老建筑间总会有一些不平和，好比一家子里长者和晚辈间多多少少有一些摩擦，拿五号院来说，与五号院相对而立的是一座清式四合院——纳森旧居。它是时任开滦矿务局董事部主席兼经理纳森当年的住所，目前是天津市文物保护单位和特殊保护等级历史风貌建筑。怎么去弥合这种代沟？景观团队一开始的想法是，在广场中央设置静水池，将院内不同年代的建筑倒映其中，静水流深，希望对水元素的运用可以给空间带来惊喜，把握住时间的张力，拉近新老建筑关系。后来因为对水体条件要求较高，面积必须大且须保持水面的完整，风吹、落叶都会在瞬间破坏水体镜面感。考虑到天津地区气候的实际情况，我们在这个方向止步，跑向了另一个极端。

"最好不相见，便可不相恋。"那一阵各种形式的挡墙方案呼之欲出，这样跑了一阵，我们发现一道挡墙让历史的距离更加清晰，既没有达到消解风格差距的目的，还与我们弥合的意愿和初衷愈发远离，应及时勒马。

回到正路，从五号院的业态属性出发，它需要一个吸引人们注意力的东西，跟平时的商业活动相关。最终确定做类似于LED的网状屏幕，把纳森故居包裹起来，要的就是隔而不隔、界而未界那种劲儿。设计方为此做了大量调研工作。当时因为造价和观察距离的问题，最后没能实施。现在做了一个LED的屏幕，但是尺度不是特别适合纳森故居。

二、街区·【红线之外】—— 与城市零距离

红线之外的问题多，重点是高差问题。扬·盖尔在《交往与空间》中曾提出，"在人的步行经验里，高度是非常大的障碍，人会愿意走更长距离的平路但是避免登高。"面对解放北路高、大沽路低这种实际情况，如何消化高差，理顺院子和城市的关系，给人们创造良好的行走条件，成了这五大院的共性问题。

一号院的高差问题比较明显，本想做成一个广场，与新泰安道相联，但后因车库出入口占据了一半广场的面积，只在这一面留了一个窄的出入口进出院子，将原先

泰安道历史街区

的广场改成了坡状绿化，以舒缓建筑和城市的关系。现在看来有一些可惜。

二号院南北两侧的路分别是大沽路和解放路，大概有65公分以上的高差。我们的原则是"就高不就低"。所以现在解放路那一侧没有问题，跟原先的设计初衷是一致的，三阶踏步进入建筑。但是大沽路那一侧犯了难。这个高差怎么消化？之前也考虑过各种手段。要不要把路升上来，做一个缓坡的处理，直接从道路边界平缓地走到楼前？但是道路部门的老大们不配合，最后归罪于世界太多无奈，我们就此沉默。但也正因此，景观有了契机：在红线之外增加了几阶踏步，在道路与建筑之间15米的退线自然形成了二号院自身的一个小型广场。现在来看效果也还不错。有时不利也是一种动力和突破。

四号院也有高差问题，主要矛盾集中在楼的西南角。在建筑方案设计之前也作过考量，比方说把局部地下室顶板降低30公分。为了结合场地找这个坡，当时实地做了多次试验，建立找坡的模型，拿大芯板搭一个2%～4%的坡，一直接到大沽路上。试验多次后，找到一个合理的坡度，解决了这个问题。现在这一部分景观实施了，从那里路过时，应该没有人会觉得不太舒服。没有感觉就是最好不过的事。

泰安道二号院入口大门
泰安道内院

　　门洞消失事件是二号院最传奇的段子。在最开始的规划里，强调空间围合感的同时，也注重视线的连续性和通透性，希望吸收维园的灵气，以景设框，在主体北侧设置了门洞。但是甲方坚持要取消，且态度非常强硬，原因是损失了几百平方米的面积，以致于最后施工图出图后，图中也没有门洞。当我们的话语权被这笔经济账压垮的时候，规划局发现了这个情况，及时遏止了这一事件。最后门洞成功逆袭。实施以后，甲方主动找到我们说："当时你们的坚持是对的，如果没有门洞，那这个院子就真的死了……"现在站在二号院里面可以看到四号院全景，看穿整个维多利亚花园。框与景连，126年的历史在这样流动的空间之中得以回味。如今二号院内部举行活动时，如果会有人好奇走进来看看，我们的目的就达到了。

三、院落·【城市田园】—— 与建筑零距离

　　四号院景观不保守是一件特别幸运的事情，因为它的使用方是酒店。酒店有非

泰安道四号院内院

常强的发言权，设计方依靠酒店可以表达自己的想法。最终四号院的景观主题是"维多利亚宝石"。很长一段时间，我们都在考虑是否要保留一个干净的院落，作为室外婚礼场地使用，或者预留一个喷泉的位置。在我们的施工图上，喷泉的蓄水池和泵坑都已经被考虑了。随着与使用方接触的深入，丽思卡尔顿推荐了戴水道景观设计公司。我们之前跟他们在华明镇有过成功的合作，因此对他们也很有信心。戴水道的人看过场地之后，马上提出，这个院子50米×50米的尺度有些大，但在追求宏大场面的中国人看来，这个尺度还是比较合适的。戴水道最擅长"玩水"。水元素的运用在风水方面也是一个好兆头，使用方也很中意。他们结合隐形消防车道，把中间绿地垫起来，增加叠水。这样绿坡形成了庭院的视觉焦点，可以举办户外婚礼。车道外围的场地延伸成全日制餐厅的室外拓展区域，既柔化了院落与建筑之间的关系，同时也增加了营业面积，又把英式下午茶的生活方式渗透到维多利亚街区精神中去，不得不让人拍案叫好。

回顾四号院庭院方案的前前后后，深感中西文化的差异。之前中方做过一版方案，在院内设有一个尺度很大的狮子logo（丽思卡尔顿的标志）。当时是想好好运用一下铺地，用不同的石材面层处理打造一个很淡的logo标记，但是丽思卡尔顿要求建筑物上不能有任何标记物，他们希望不要有大场地，不要太气派，不要"高大上"。与之相反，他们追求的是舒适，使人站在场地中没有压迫感。他们追求的是经济。院子要用起来，要产生收入。我们在整个过程中也感受到了他们的理念坚持。

泰安道最柔软的院子是哪一个？必须是三号院。早在设计三号院之初，就考虑到在地下室顶板留洞，在纵向空间发展绿化，在有限的城市空间里，尽可能地增加绿化量，作为地面绿化的补充。大量软质景观的运用，让三号院"活"起来，每分每秒都在以不同的生命形态渗透于和谐的自然当中。海德格尔说："人，诗意地栖居。"人都渴望参与到生物繁荣的情境中。正是抓住了这点渴望，打造绿色廊道入户，体验活力院落，打出"城市田园"的这张牌，三号院的手段正在于此。

四、对话·【心里有风景的人】—— 与人零距离

在这个项目里没有"以人为本"的概念，因为在这个设计的原则中，"人"不是一个被动体，不是一个被依靠被根据的个体。恰恰相反，人即"本"。

这里的人包括景观师、建筑师、规划师以及最后的使用者和走入这个街区的所有体验者。

设计者——跨界设计
跨界设计在这个项目里体现得淋漓尽致，设计团队中不乏英国皇家注册建筑师、英国皇家注册规划师、景观建筑师他们带来更新颖的视角和思考方式。同时，团队也包含很长时间生活在泰安道地区的天津本土建筑师。这是项目的福气，因为他们对这片土地有活生生的情感渗透，弥补了"外来的和尚"从一般意义去感受街区的遗憾。

使用者——有心机的门卡&院中院
刷一下丽思卡尔顿的门卡，一定会发出"WOW"的赞叹。因为在机电设计中，门卡和窗帘是联动的。"嘀"的一下，泰安道就盛开在你眼前，这种对话体验是会装进心里的风景。

如果有幸住在酒店三楼，那一定会懂得丽思卡尔顿的用心。三楼本来是一个不太完美的楼层，因为它处于二楼会议区之上，这一层没有私人阳台，并且与开放的花园相连。丽思卡尔顿花了些心思，用植物绿篱在每个房间外圈出了"院中院"，使三楼的房间一下子变得抢手了，因为独享VIP的位置欣赏院内风景岂不快哉？！到时你一定会拍着大腿说"通透！"

体验者——"Welcome"的街区表情

由于这个地区曾经是"华人与狗不得入内"的英租界，后来也是一个比较严肃的政府所在地区，因此，旧貌换新颜，拉下架子、放低姿态走进老百姓心里，消除街区尴尬身份以及人们对这片地区的隔阂，是挺难的一件事。但经过种种努力，"Welcome"变为整个街区最美的表情。

在文化中心的设计中，设计师曾设想的大剧院的城市舞台、图书馆的阅读草地，这些共享空间都因后期的管理问题被封堵了。设计的原本意图，被管理者加了一把锁。可喜的是，这种遗憾在泰安道项目里被全部释放了。你可以畅通无阻地到达街区的任何一个角落，所见即达，哪怕是丽思卡尔顿的"宝石"，都不会有人对你say no。

街之美，在于人。

真正把原属于人民的街道归还给百姓的生活，才是弥合的真正意义。

内院效果图

泰安道三号院

从混凝土到鲜花
From Concrete to Flowers

 文 田园

潮流易逝，而风格永存。

说这句话的加布丽埃勒·香奈儿还说过一句话，"每当我梦见死后在天堂生活的时候，梦中的场景总是发生在丽思卡尔顿酒店。"

进入内装阶段，丽思卡尔顿最后选择了法国奢华酒店设计师Pierre-Yves Rochon作为主创设计，那基本上就是选择了《了不起的盖茨比》里的那种惊艳场景，当然，少了躁动浮夸，多了精致与质感。

PYR的设计哲学是"创造精致，舒适，典雅，温暖的氛围"，与丽思卡尔顿的"Let us stay with you"（中文官方网站注解这句话：让我们常在您心）这种理念不谋而合，因此中标也不足为奇。以此开始，长达一年零六个月的内装大幕拉开，由"酒店+内装设计+建筑师"这样的搭配支撑起的团队更容易产生戏剧性的效果。

——内装是什么？
内装就是建筑的内部表情。

——内装要做什么？
内装是一个信息化的转化者，多层次地传达地域特色与建筑语汇，将酒店的雄心和他们的关注点通过细节体现给客人。

入口大堂景观

——丽思卡尔顿的内装要做什么？

设计像丽思卡尔顿一样的奢华酒店环境是一个特权，与这个特权相连的是一种深刻的责任，因为这种环境被期待来丰富客人们的人生，创造回忆的构架，为社交或是沉思提供一种氛围。

达成以上三点共识，所以丽思卡尔顿的内装必然会超出期待，充满惊喜。

就像香奈儿说的那样，这是让你闭上眼睛就能回来的地方。

给丽思卡尔顿的内装风格下个定义真的太困难，就像一个用iOS系统的人突然改用Android系统的那种不适。网络媒体描述它是"新古典主义"，我想他们可能只进过丽思卡尔顿的厕所。

设计师害怕没有风格，因为这样就没有标签，无益于被人记住，所以出现了"大裤衩"（中央电视台新楼）、"秋裤楼"（苏州东方之门）、"比基尼"（杭州奥体博览城），等等。

丽思卡尔顿不是这样做的，如果从建筑上来说，四号院是在泰安道风貌区中第一次认定自己，那从内装角度就是再一次对四号院多元文化身份的确认。

有人走过来说："在今天下班之后的10分零10秒，我又走进了那熟悉的老房子，点了面。不过这一次。我没点红烧牛肉。"你可以说他很王家卫。

中餐厅

入口大堂景观

　　有人画了幅画，上面有旋涡状的星系、黑色火舌一般的树木以及火焰般的笔触。你可以说他很梵·高。

　　有人做了个构筑物，将色彩缤纷的石质材料与完全自由的波浪形式结合起来。你可以说他很高迪。

　　这些都是里程碑式的风格，他们在二次元的世界里易于捕捉，进行模仿，所以我们可以看见很多王家卫、很多梵·高、很多高迪。当许多标签堆积在那里时，我们很高兴PYR没有从中挑选任何一种贴在丽思卡尔顿上。

　　正是这种freestyle给丽思卡尔顿带来更多惊喜点及可能性。

　　若非得给它个名头，那么它真的很泰安道。

红房子
-
RED HOUSE

接待、等候区

据说丽思卡尔顿全楼内装运用了高达50多种材料。最小的一种材料只有6平方米，用在Strikland公司（创办者Yohel Akao是世界顶尖设计机构Super Potato的主创人之一）设计的Flair酒吧里。在这种对品质和美的捍卫中，中法日绝对在一条战线上。

但有趣的是，三个国家的沟通与表达方式不同。

法国人说："请给我一个灯泡，它应该是西方传统造型的，但要融入一些中式元素，点亮之后有暖暖的光，不是很刺眼，能给人带来柔软的感觉。"

日本人说："请给我一个灯泡，它的尺寸是A，材质是B，照度是C，最好产地是哪里哪里。"

中国人说："综合前面两个人的意见，请给我三种灯泡，我们去比较筛选。"

法国人重视气氛、日本人讲究对于尺度的把控、中国人看重的是事件的可操作性，这种不同关注点的碰撞，都基于一个出发点，就是将客人体验感置于首位。正是这种较真的组合，让四号院的freestyle具有无可比拟的趣味性。

各种墙体材料的运用

　　在天泰轩中有几面墙，采用从江南淘回来的门板窗棂碎片作为装饰面。其中有一面墙的故事有点传奇。在墙面拼装快完工的时候，设计团队发现就缺一个长条状的装饰块，这可苦坏了负责采购的部门。因为比例过于细长，在雕花老物件中很难寻找到。但最后经过种种努力，还是寻到了一样尺寸的难得匹配的东西，居然是个床龛！

　　再说二层西侧走廊的壁画，描述的宏大场面是，《英使谒见乾隆纪实》中1793年（清乾隆五十三年）以马戈尔尼男爵为特使的英国师团出使中国，其乘坐的一艘60门炮舰和两艘英国东印度公司提供的随行船只抵达天津白河口岸，之后换小船入大直沽，受到天津直隶总督的欢迎。PYR研究天津与英国的历史渊源和画风细节，然后用现代的有趣的方式重新展现在墙壁上。整体画面运用西方绘画手法来描绘中式素材，将传统的西式长廊充满东方审美韵味，而中式的壁画也因为西式建筑结构大面积采光的设置，又少了一份沉重感，整个空间既保留中式情趣，又舒缓亮眼。

　　所以无论是在工作方式还是在风格衔接之中，都表露出一种"弹性"，这种"弹性"充分展现了freestyle的悟道与机缘之美。

　　画素描也是先有个放松的起形，找准大关系，再一步步深入刻画肌肉与骨点，最后整体调整空间关系与虚实关系，可以说就是个"整-分-整"的过程。

　　这个步骤也是PYR与Strikland的执行方式——先拿出每个部位的灵感倾向，再一点点精细到地毯的纹路及玻璃的薄厚质感，最后用艺术品柔和气氛。因为丽思卡尔顿选择的"内装设计"与"软装+艺术品"是一体化设计，所以才可以准确打造整体氛围。

　　细味空间需要耐性，但对于来来往往的客人来说，丽思卡尔顿既献给他们无与伦比的奢华享受，同时又给予驻足的人群以关照。一些精致入微的细节不经意透露出丽思卡尔顿雅致、融和的个性，这些都在客人的发现之旅中时而给予回馈。

标志性走廊节点

　　在奢华酒店这个江湖之中，没有特色的酒店就像一个拿到黄牌的队员，早早预知最终惨败出局的结果。有时候再多宏美壮丽的装潢都无法扣人心弦，反而是与一些用心不期而遇，能让酒店收获满满的赞。

　　塑造建筑内部情绪像极了做建筑外部表情，要在技艺表达与市场需求之间做出较好的平衡。在天津奢华型酒店里，能看见各种明星酒店的影子，譬如The Lost City，把设计焦点放在视觉奇观的层面。远远望去，我们会真正迷失，割裂在地域与建筑之中，不知自己身处何地。这样的设计就像一个技术娴熟的名厨，在世界各地爆炒自己的当家菜。

　　而来到泰安道，来到丽思卡尔顿，能让你炙热地感觉到，它就是天津的样子。从内装到建筑都灌入泰安道的血脉，不突兀，不割裂，不摆造型，不崇拜"高大上"甚至不完美，仅仅放松地反映出空间与时间的最佳关系模式——以时间去创造空间。它们有的充满了往日的荣耀，也对当下有所反映。从混凝土到鲜花，消解全部风格，放弃固有表达，避免任何即视感。

　　把设计当作一种探险，用freestyle的方式去诠释灵感，让我们与世界连接。

雪中泰安道

矛盾
—
复杂

由"画"建筑到"造"建筑
——精细化设计与样板墙建设
Fine Design and Model Wall Construction

◆ 赵春水　田垠

　　记得在兴奋中结束高考之后，被引导着填报了建筑学专业作为志愿，附加条件是一张素描作品。很快接到了入学通知，于是在整个暑假上了绘画学习班，从此，便于学习建筑和学习绘画结缘，直到现在还在延续。尤其是向外行决策者汇报时，那点看家本领的确百试不爽，往往能胜人一筹，顺利过关。

　　学习绘画与学习建筑也许是我们那个年代建筑师共同的经历和体会。但就建筑本身来说，是"画"与"造"的统一。"画"是"造"之前的思考与研判，"造"是"画"之后的实施与检验。可是我们教育体系下的"画"却退变为我们追求表面效果的工具，失去了其思考的本质，最后使建筑成为图上精品、城市废品。这样的例子有很多。

　　当下，对建筑形态与品质的关注已不仅是建筑师的专利。社会整体认知水平的提高促进了市场的发展，建筑市场处在从粗糙向细腻、粗放向有序、自发向制度化发展发展的转型期，把握了建筑质量也就赢得了市场——对开发商如此，对建筑师亦然。

　　一方面，开发商发现，传统的粗放型组织模式已落伍。有实力的开发商将眼光放在对建材的非客观标准与实施成本的控制、通过对建设工艺的精密计划以控制工期等方面。通过以精细化管理的方式提高建筑品质，获得市场竞争力。

　　另一方面，此时建筑师却尴尬地发现，自己对设计作品缺乏制度性的控制力。

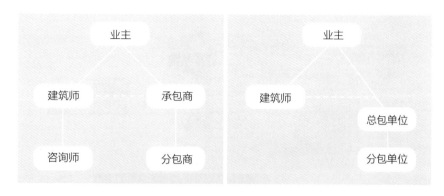

中、美建筑师在项目中作用区别示意图

对比国外同类情况，以美国为例，建筑师可以作为工程总负责人，代表业主协调各专业、聘用专业设计师、完成各设计环节，这就保证了建筑师在工程中的发言权，以及对建筑的最终效果的控制力。反观国内现状，一方面，建筑师完成施工图后就基本上不再对工程具有约束力；另一方面，由于图面作业与现场施工两个阶段完全分开，设计人员与施工单位存在认知差异，这种认知差异并不是简单一两次交底工作就可以消除。

共同的需求，需要在原建设流程中嵌入新环节，完善原本"画"的内容，把平面的、心中的"画"转变为实际的"造"。

一、精细化设计"画"

当下，建筑施工图完成之后，基本上解决了建筑、结构、给排水、暖通、电气等各专业统一、协调等工作，但还需要更精细化的设计来指导施工，以保证建造品质。

泰安道工程中，我们尝试性地增加了精细化设计的环节，让建筑师的工作由"画"落实到"造"上。

在四号院工程中，精细化设计主要体现在四个方面，包括：门窗装饰、石材饰面、砖饰面、装饰构件。

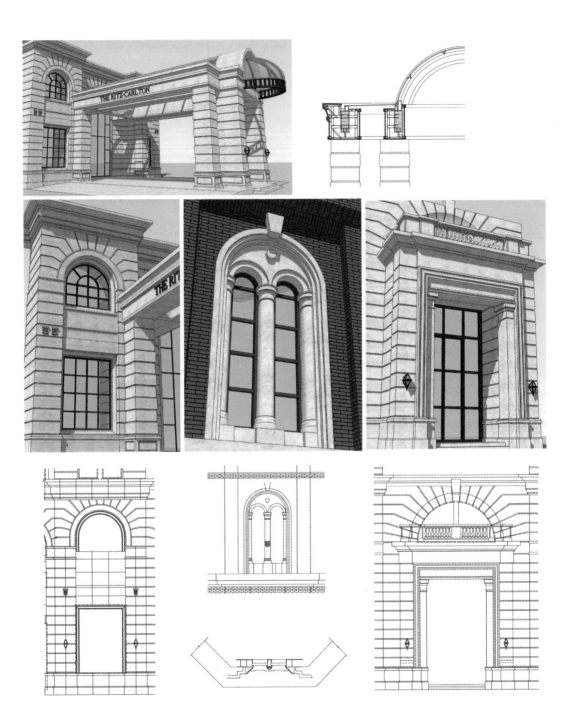

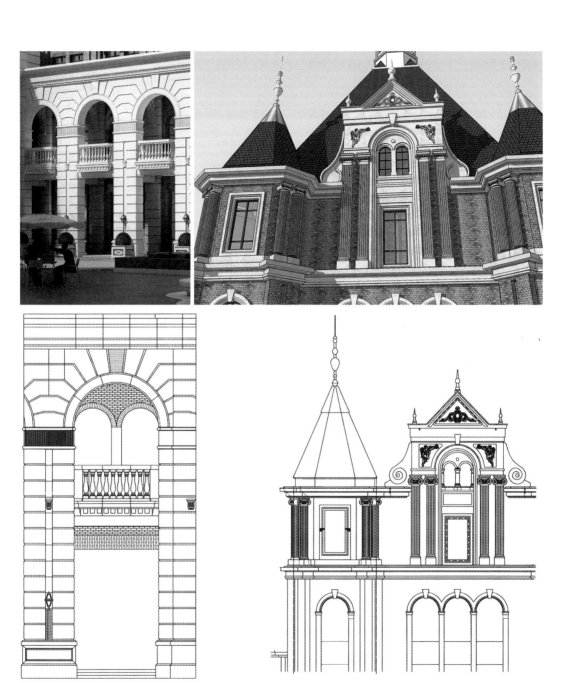

沿维多利亚花园侧节点位置示意

● 门窗洋图

以施工图中定好的尺寸、比例为前提，参考了与泰安道风貌保护区同时期的历史建筑，以及同类改造工程的成功案例，选型并确定了基本款式。

由于我们的目标不是简单的复制，我们随后对这些样板做了以下处理：

a. 简化装饰：对古典风格较重的样板进行了现代风格的简化、提炼，保留了装饰构件与门窗的英式风格元素，使其与建筑主体风格相协调；

b. 结合建筑：不一味追求细节，站在普通观者视角，抓住重点部位刻画，保证在各距离观看到的建筑有细节，不烦琐，在品质与成本间取得平衡；

1 门的参考
2 门的参考
3 首层柱廊铝合金幕墙窗
4 首层柱廊铜门
5 二层柱廊铝合金门
6 公寓入口铜门
7 客房层铝合金窗
8 客房层阳台铝合金门

c. 结合生产安装：结合本地常见工艺、材料，体现风貌区特色。在施工过程中，整体考虑成品门的现场保护与冬季施工、内装间的工艺流程，收到了良好的效果。

以上几条原则也应用在石材和砌体部分的精细化设计中。

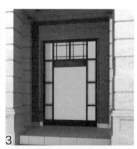

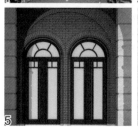

● 石材外檐详图

a. 整体比例协调：对于石材构件与建筑主体的关系，在方案阶段已有了较深入的推敲。我们把精细化设计的重点放在部分节点的深化和与石材自身加工工艺的结合上。结合人的尺度，做了部分细化处理。

b. 视线细节控制：为解决尺度过大问题，在深化设计中，对四号院柱廊的柱子做了立面开槽处理。我们再把槽本身按照人的接触范围分为三段：柱子整体按照20米以上视距考虑，仅能看清柱上开槽轮廓，槽内面层做法同柱表面一样采用火烧面；第二层次以前广场中部为主要观察点，视距约10米，对3米高处壁灯位置的石材进行了光面处理，在白天看并无明显区别，夜间点亮壁灯后，在灯后会形成一个反射区；最近的层次，以楼前走过或驻足的人为观察人群，视距在0.5~2米，采用机刨石开2厘米×1厘米槽。所有分段与石材幕墙整体划分方式结合，在丰富观者感受的同时也对造价有所考虑。

c. 耐久美观适用：泰安道工程的高定位、高标准，确保了工程较充裕的预算。在这个保障下，我们没有采用一般工程常用的"八字口"或"平口"的石材拼接方式，而是使用"L"形整石材，减少在阳角部位的拼接痕迹，使建筑观感更接近石材真实的砌筑工艺，获得了更完整的最终效果。

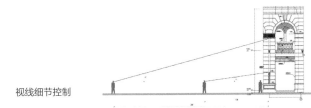

视线细节控制

砌块工艺的做法

● 装饰砌块详图

a. 传统工艺的现代表现：值得说明的是，砖在泰安道工程中扮演的不是结构主体，而是装饰材料，不需要严格执行砌体构造规范。但我们在设计中同时以考虑美观与砌筑构造的合理性为原则，使装饰砌块不仅仅是装饰物，而且给观者真实感。

b. 材料的表现与实用：在传统的砌体工程中，建筑师在设计阶段一般仅提供控制性尺寸与基本砌筑方式要求，如"三六墙"还是"五零墙"，"骑马缝"还是"梅花钉"，或是示意砌筑样式，并不详细标注尺寸及与周边的结合方式。到了建设阶段，由施工方技师或瓦工根据图纸上的控制尺寸进行现场排砖作业，调整细节尺寸，这项工作还保留着古代"匠作"的痕迹，建筑师缺乏对构造细节的控制。这一方面是受限于手工制图的表达方式，另一方面也体现了在"两不管"的空白区域形成了一个自然而然的"生态系统"。

c. 施工保证品质：在具体设计过程中：首先，我们没有抛开砌筑体系的结构特性与传统工艺工法，在所有排砖方式中避免了通缝、出挑过大等常识性问题的出现；再者，设计深入到构件立面砖缝，并把有立面排砖要求的部位按每皮砖设计排砖方式，一方面保证内外拉结，一方面控制砍砖数量和大小头比例，避免出现大量废砖，减小破损率，控制成本，体现了精细化设计的意义。

石材工艺做法

二、样板墙指导"造"

由图纸变为实体的第一步是建样板墙。原理都很清楚，可实际操作起来却很费口舌。好在泰安道工程的所有项目都采用先做样板再推开的方式，建设方很快作出让步，开始建样板墙。

完成初步的"画"，开始进入"造"的阶段。样板墙的建设是"画"的延续，只是界面不再抽象，画笔不再是钢笔和鼠标。

围绕上一阶段深"画"的几个方面，经过几轮样本墙的建造，对一些专项问题

现场排砖作业

进行研究（表1），得出兼顾外檐观感、工期、成本、延年性等要求的成果。

随着样板墙的建设，我们随时深化调整"画"的内容，使其更具有可操作性，可以对未来真正的"造"进行指导。这个环节经历了一个"图纸设计→样板墙建设→深化设计→实际建设"的过程。最终，每个分项研究形成一套完整的成果，包含参考案例、工作模型、（样板墙照片）及定稿图纸。这套"画"的成果，在主体工程实施中起到依据和参考作用。至此才算补完全过程设计这一环节。

样板墙的建设实际上是搭建了一个平台，各方在此各取所需：

1. 建筑师补充了设计环节，增强了对建筑最终效果的控制力。
2. 建设方提前掌握了建成效果和涉及的材料、工艺，做到心中有数，控制了成本。
3. 施工单位研究了新的工艺工法，对分项工程进行了更精确的计划；提前确定了主要建材，为施工方争取到充裕的订货周期，使其方便控制成本与质量。
4. 为管理提供依据。管理部门通过这一环节的工作，更直观地了解了工程的最终效果。

砌砖细部

表1　构件模式对比

	门窗	石材	砌块
材质	●	●	●
颜色	●	●	
构件尺度		●	●
玻璃颜色	●		
玻璃反射率	●		
开启方式	●		
拼接方式	●	●	
拉结方式	●	●	●
填充胶颜色	●	●	
砖缝颜色			●
砌筑工艺			●
异型砖比例			●
色差块比例			●
分割样式	●	●	
与周边构件对应	●	●	●
与其他材料交接	●	●	●

砌砖施工过程
由"画"到"造"的各种门窗做法

三、转变

由"画"到"造"是一个艰苦的过程，在这个由思考到实践，到再思考再实践的简单循环中，需要的是设计师和业主观念的转变，这也许是最难的地方和最需要做的工作。

泰安道工程中精细化设计环节的嵌入是一次工程建设的探索，由精细化设计和样板墙建设工程组成，两者相辅相成，弥补了图纸作业与实际施工间的缺失环节，使工程品质、成本、工艺、周期、订货等问题变得可控，获得了良好的成效，为全过程设计补上了重要的环节。当然，在实践过程中也存在如执行主体不明、增加设计周期、

增加直接工程费、样板墙建设周期过长、跨行业规范标准的执行、设计及样板墙建设无统一标准等问题，需要在以后的工程实践中继续探索。

现代建造技术的迅猛发展，新材料、新工艺的不断出现，尤其是表现手段、表达方式的不断升级意味着我们设计师在关注它们的同时需要更注重建造的研究，加强对材料本质的思考，总结符合环保、生态、节能要求的施工技术，提出、推广、真正实现为"造"建筑而"画"建筑，使设计师成为真正的建筑创造者。

当规范遇上四号院

When the Code Meets the No. Four Courtyard

 阳建华

规范，一个原本枯燥无味的限定，但是遇上泰安道四号院，就有了故事。在本项目的设计过程中，遇上超出规范的情况却展现出建筑师的执着与坚持；遇上多样的规范却传达了理性与包容；本国的规范遇上外国的规范，需要寻求出新问题的解决之道。

规范，从业者的法律。
规范，建筑师的底线。

一、"长"跑楼梯之美

她的美，美在"长"。

来到四号院丽思卡尔顿酒店，无论你选择就餐，还是选择住宿，只要是从门厅进入后，在你犹豫是要往前还是上楼时，两侧严谨对称的折跑楼梯便在你的眼前展现出她那独特的美：引导、径直、直跑20级、细致的宝瓶栏杆、转角处的主题挂画……然而殊不知，作为设计师，要把她的存在归为理性的正当，着实需要思考一番。

从一楼门厅上到层高为5.8米的二楼休息区，一部楼梯需要设37级踏步。在一个宽度不足10米、高度为12米的门厅内，为了方便上下层联系和实现视觉对称性，需要单独设置两部对称的楼梯。显然，这两部楼梯至少在视觉上不能够占用门厅的空间部分。设计师选用了只占下部空间而上部视线完全敞开的折跑楼梯。在这个有限的空

四号院外观效果图
丽思卡尔顿酒店内装

间里做37级的折跑楼梯，按常规，必然需要三个梯段。如何分配这三个梯段，让这部楼梯在这个门厅内既起到联系作用、不占视觉空间，又能给门厅活跃氛围、增添色彩呢？最终，设计师采用先上3级、中间直跑20级、余下14级的处理方式。

现行规范《民用建筑设计通则》中关于楼梯梯段的规定是："不应超过18级"和"不应少于3级"。显然，此楼梯超过了规范的级数界限。规范的出发点是为了保证人们上下楼梯时的安全性，并且不致过度疲劳。从现行规范的角度来看，这两部楼梯的存在是不合理的，所以将其定位为景观楼梯，而非人员疏散楼梯。建议人们只有在不着急和心情舒畅的情况下使用此楼梯。

巧合总是悄悄地发生在身边。由于四号院项目的特殊性，除了满足本国的消防规范外，还需要满足酒店方和甲方的要求。由于消防疏散宽度计算的基准值不同，双方在工程验收时的宽度要求也同样有差别。在此项目中，根据美方规范计算的消防疏散宽度大于按我方规范计算的结果。巧合的事情出现了。在对方的规范认定里，以上这两部楼梯符合消防疏散的要求。在对方来看，它们，解决了部分的消防疏散宽度。这两部楼梯取得了一举两得的成效。

丽思卡尔顿宴会厅

是的，它不符合我国对疏散的要求，但符合美方的规范要求。当然它更符合当初在建筑师心中所希望展现在来访者面前的楼梯。

是的，"长"跑楼梯展现了它的本色之美，更表达了设计师的别样美丽。

二、宴会厅能容多少个你

丽思卡尔顿酒店二楼大宴会厅，是名副其实的大。如果你想在这里见证和爱人的永恒时刻，它能够容纳60桌亲友；如果你是企业大佬，欲借此地举行产品发布会，受邀人数可达千人；如果你是年轻的成功人士，想在这里举行圣诞酒会，你可以发出1200个邀请。

　　无论是60桌、1000人，还是1200人，场地的长乘以宽所得的面积却只有一个数值——1220平方米。在这个确定的面积数值里，进行消防疏散时按多少人进行计算合理呢？现行的《民用建筑设计通则》中关于计算使用人数的规定是："建筑物除有固定座位等标明使用人数外，对无标定人数的建筑物应按有关设计规范或经调查分析确定合理的使用人数，并以此为基数计算安全出口宽度。"

　　现行的《饮食建筑设计规范》（JGJ64-89）关于餐厅每座最小使用面积，规定一级餐厅每座最小使用面积为1.3平方米。

　　美国《生命安全规范》（NFPA101）规定：无固定座位及较少集中使用的集会场所，如会议室、餐厅、宴会厅、展览室，场所人员密度指标为0.71人/平方米。

　　按照我国现行规范要求，我只需要在图纸上标一个不多于940人的任一合理的数

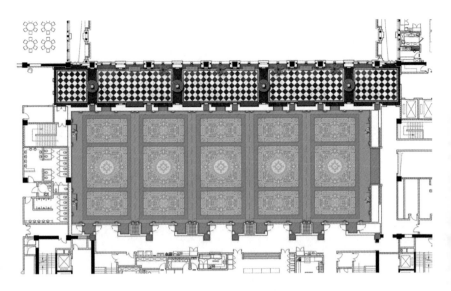

丽思卡尔顿宴会厅平面图

值即可满足疏散宽度的计算要求；按照美方规范的规定，计算人数确定为1700人。在这里，设计师在实际操作过程中选择了更为严格的美方标准。疏散这多出的计算人数时，上述提到的在我国规范里不认定为疏散楼梯的楼梯在这里却找到了它存在的合理性。

三、外廊的喷淋多余吗

和友人坐在四号院内外廊的餐椅上惬意地喝着咖啡，享受宁静的思绪；几个人徘徊在院外外廊的栏杆边，若行若谈。一个是城市中的静谧之所，一个是城市街道的边界之处。除了这些大多数人都有的感观上的区别外，你是否注意到了两处外廊内、每格藻井里的细微差别？

是的，院内外廊的每格藻井里多了一个小小的金属构件。这个小小的金属构件就是一个个的喷淋头，它在发生火灾安全性事故时才会喷淋水雾以达到灭火或延缓火势的目的。同样是外廊，为什么区别对待？难道是因为院内外的关系吗？

根据我国现行的《高层民用建筑设计防火规范》，外廊并不需要设置喷淋系统；根据美国《生命安全规范》，外廊需要设置喷淋系统。在项目设计过程中，根据

丽思卡尔顿外廊

红房子
—
RED HOUSE

实际使用功能的需要进行了区别对待。由于院内外廊的功能与咖啡座融为一体，具有实际的使用功能，执行规范时选用了较为严格的美方标准；而院外外廊并没有让人有目的地长时停留等实质性的使用功能，因此执行规范时选用了较为实际的本国标准。这种区别对待的处理方式最终征得了双方同意并付诸实施。

四、不友好的烟气

大量的事实证明，建筑物在发生火灾后，燃烧所产生的大量烟气是造成人员伤亡的主要原因。产生的烟气中含有众多的有毒有害成分。火灾环境高温缺氧，火场能见度低，所以在发生火灾时，房间内烟气能够快速排除至关重要。检验烟气的排除效果时，我国的验收标准以设施的设置是否满足要求为准；美国标准以现场排烟效果为最终通过的条件。这两者存在一定的差别。按美国标准，在一些安全封闭的场所内，为了达到现场的排烟效果，需要设置的排烟设施的标准高于我国规范中的规定；而在一些有开窗的场所正好相反。

与国内《高层民用建筑设计防火规范》相比，《THE RITZ-CARLTON工程设计标准》关于消防排烟的范围更广、要求更为严格，体现在如下方面。

设置消防排烟的范围更广：所有厨房、餐厅、中庭、大堂、宴会厅、宴会厅前厅、大于35平方米的会议室、健身中心等均须设置机械排烟系统；严于我国标准。

程度更深：机械排烟区域，排烟量按照每小时至少8次换气计算，严于我国标准中的每平方米排烟量不小于60立方米/小时的要求；还要求所有客房层走道均须设机械排烟系统及补风系统，且风机风量须按3层同时排烟来计算。

丽思卡尔顿外观

五、多样的规范

你也许能够对当医生需要学习和熟读很多医学专业书籍达成共识。殊不知，建筑师这个职业需要理解和运用的规范，实在太多。

《民用建筑设计通则》、《高层民用建筑设计防火规范》、《汽车库、修车库、停车场设计防火规范》、《旅馆建筑设计规范》……这些是在从事建筑相关设计工作时必须遵循的规范。除了这些规范，在四号院项目设计过程中，由于工程的特殊原因，还要熟读和理解如《生命安全规范》、《THE RITZ-CARLTON工程设计标准》等美方和酒店方的各种规范。

这几年，随着建筑设计市场的开放，设计工作与外国团队接轨的情况多有发生。这种情况下，一方面开阔了思路，另一方面也形成了不同观念、标准的冲击。常见的案例中，外国设计师做中国项目，只要把他们的理念套用中国规范，解决问题即可。但还有些项目，或是在满足中国规范后还要适应外国规范，或是外方使用者有特殊要求。泰安道四号院就是这样一个二者兼具的案例。

作为一个确定了管理公司的美国品牌酒店，虽然选址在天津，但在开业前也需要拿到美国保险公司的验收资格，这就要求酒店必须符合美国消防规范；在中国境内建设，国内消防审查、验收也不能少。此外，作为管理方的万豪集团对酒店建设有着严格而详细的企业标准，具体到丽思卡尔顿酒店的设计标准就有17章，打印出来大约300毫米厚，而且所有内装设计必须通过集团内部审查（SMDR），有点反客为主的感觉。

在多种标准的共同作用下，笔者作为建筑师，工作自然增加不少，研究外国规范与标准、找出不同的要求不在话下，向外方解释中方规范及本市管理部门的相关要求也是常事。实现那些超越国内规范的要求，用常规手段实现目标、规避矛盾、满足各方要求才是难点。如果可能，也是亮点。正因为在四号院项目中，需要同时满足各方的规范验收标准，从而彰显出建筑师需要更多的理性来支持与抉择。

结语

中国人对于参加各类考试从不陌生，而建筑设计工作就是不断地在试卷上作答，不断地回答相关各方随时随机提出的问题。问题越突出，完美地回答问题就越有

丽思卡尔顿酒店内部装潢

实际的意义。泰安道四号院项目的设计过程，就好比在完成一份题目数量未知的答卷。项目建成，即交答卷。规范就是题目之一，看似是规范给了建筑师难题，然而就如同高考难，高考对考生来说却是成长过程中的关键机会一样，规范给了建筑师机会，一个让建筑师有的放矢的机会。规范是底线，但不是彼岸。

　　满足了规范，不等于完成了建筑设计工作，不等于达到了使用者的各类要求，不等于为社会做出了应有的回应。在进行建筑设计工作时，我们需要依据规范，但不能拘泥于规范。有时候简单地处理规范与建筑的关系，会对设计与使用造成隐患。我们在设计中对于矛盾的处理宜疏不宜堵。说不能做很简单，但非行之有效。在依据规范的前提下，灵活处理，化非为是，才能为我们原本枯燥无味的建筑设计过程注入鲜活的意义。

"低技"策略下的"高技"
——泰安道五大院工程对砌砖工艺的继承与创新

The Inheritance and Innovation of Brick Craftwork in Five Countyards

◆ 赵春水 李津澜

2013年，随着泰安道五大院工程的陆续竣工，它成为又一张代表天津城市特色的名片。五大院的外檐材料是清水装饰砖。当人们站在海河边，遥望这一片精致的红砖建筑时，犹如欣赏一幅美丽的画卷，聆听一组组历史的乐章。徜徉五大院其间，精美的建筑样式、应接不暇的砌筑细节，传达出强烈的天津历史人文情感，让人们内心产生共鸣，营造出特殊的归属感和浓郁的历史感。

为什么五大院项目可以创造出如此具有活力和吸引力的建筑环境，得到这么多人的认可和喜爱呢？

一、"低技策略"的借鉴

在天津的城市面貌中，我们常常可以看到两个极端的现象。第一种是大批建筑师向西方学习取经，大兴土木，到处涌现高新奇特的"高技"建筑方案。但是建成后的实际效果，往往令人嗟叹与图纸上的效果相距甚远，冰冷且缺乏细节。第二种是天津许多的传统城市面貌已经被所谓的 "西方古典化"形式所取代，天津真正的城市特色与内涵正在消失。

为什么会有这两种极端现象的出现，我认为有多方面的原因。首先，虽然我国

散布在天津城市中的传统营造工艺

的经济水平有了很大程度的提高，但是我们的材料质量、加工技术、建造技术、施工管理机制等都很难满足针对高品质城市建筑的设计和建造要求。这必然导致了设计与实际建造的不一致，建成效果差强人意。其次，我们对天津这座城市的文化独特性没有清醒的认识。散布其中的传统营造工艺历经百年依然具有生命力，这是当前的城市化进程中最需要珍惜、挖掘和发扬的地方。那些简单模仿欧美的城市建设，或是"富丽堂皇的复制品"是没有生命力的。

在五大院工程中，如何避免这两种极端现象的再次发生？我们选择性地借鉴了"低技策略"这一概念。"低技策略"这一说法由中国建筑师刘家琨首次提出。他指出：相对于在发达国家已成为经典语言的"高技"手法，"低技"的理念面对现实，选择技术上的相对简易，注重经济上的廉价可行，充分强调对古老的历史文明优势的

清水装饰砖

发掘利用，扬长避短，力图通过令人信服的设计哲学和充足的智慧含量，以低技术手段营造高度的艺术品质。

但刘家琨在《我在西部做建筑》中强调，所谓的"低技策略"只是一种被逼无奈、将错就错的战术，它并不是高屋建瓴，而是匍匐在地的蛤蟆功。我们在五大院工程中，将这一概念进行提升，改变原先被动无奈的处境，不再强调低造价和低成本，而是积极主动地运用低技的手段，利用我们现有的充足的人力资源和天津历史文化资源，弥补在施工工艺、材料技术等现阶段的不足和问题。

二、"低技策略"应用

在五大院项目的建筑创作实践中，在材料方面选用了最符合天津泰安道地区特色的、相对廉价的建筑材料——清水装饰砖。

在工艺技术方面使用了相对简易传统的纯手工砌筑方式，利用匠人的手，营造出适宜人的审美尺度的建筑细节，充分挖掘和发扬天津许多传统的营造工艺，建造出

砌筑过程

富含天津历史情感的建筑环境。借用王澍的设计思想，这些传统的营造工艺大部分都掌握在普通工匠手中，一旦工匠无事可做，传统也就死了。

在五大院工程中，建设单位寻找到了掌握砌砖工艺的老工匠，这些工匠一边施工，一边带徒弟，将砌砖工艺不断向下延续。同时，建筑师与匠人在砌砖方案设计中相互学习，相互启发。在施工工程中，建筑师结合工匠的经验，现场调整，更改设计。将建筑师"自上而下"的思维方式转化为"自下而上"的建造过程。建筑师个体也融入五大院的建筑语境中，成为工匠系统的一部分，与场地、与建筑、与使用者获得共鸣。

三、建造实验方式的引入

为了对最终的建成效果有初步的预判，需要做局部建造实验，比如对五大院建筑外墙最重要的部分提前建造了1:1的局部样板墙。建造实验不仅能帮助建筑师把握最终建成效果，更能让建筑师对营建的整个流程做出适宜的调整。通过建造实验，可以明确材料的适宜尺寸及预先加工处理方式，明确每种构建适宜的尺寸和现场加工的可能性。

四、对手工工艺的尊重与二次创造

　　传统的材料工艺不仅在经济上具备合理性，随着技术的进步，也可进行不断的自我改良。在五大院项目中，大量使用的清水墙装饰砌块，总量达800万块，其中异型砖为12万块。区别于传统黏土砖，它早已从承重部件中解放出来，砌砖工艺的运用自然也更加灵活。不仅在低层、小尺度建筑中，在高层建筑中，一样可以根据平面功能要求或者造型需要，实现各式各样的砌筑方式，创作出丰富的砌筑造型。

　　五大院项目中，不但使用了天津历史风貌区中常见的砌砖造型（罗汉柱、回字花墙、梯形花墙、外凸砖以及圆拱、弧拱、平拱门窗等），许多建筑师利用清水装饰砖的特点，对传统的形式进行二次创造，出现了很多新颖别致的砌筑造型（多重圆楣砌筑），极大丰富了砖的建筑语汇，达到了较高的艺术水准。再加上许多的造型需要结构工程师与建筑师共同配合创新，反而使五大院这一项目在天津新建项目中成了"高技"作品。

　　由此可见，要创造出既让人们内心产生共鸣，又具有活力和吸引力的经典建筑，五大院项目中传达出的"低技"讯息是远远不够的。"创新"是建筑师的一种追求，这种追求建立在积极应对天津城市建设中现实问题的基础上。它强调建筑艺术与施工工艺、管理水平、材料质量的整体平衡；强调关注大多数普通民众的审美需求和心理感受。

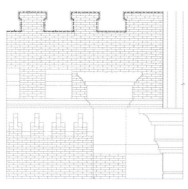
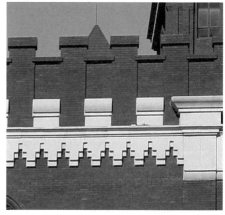
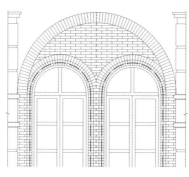

都绎风格清水砖雉堞砌筑
大跨度清水墙多重圆楦砌筑

五、五大院项目给我们的思考

　　通过"低技策略"的使用，再加上建筑师对天津传统砌筑的继承与二次创造，五大院工程成为天津本土的"高技"作品。不但成功地解决了天津现代建筑中设计缺乏细节、建筑完成度不高、材料品质参差不齐等问题，而且在形式上与天津传统城市面貌相契合，体现出了天津真正的城市特色与内涵。

　　面对欧式传统风格在天津大量涌现的现象，"低技策略"从某种程度上切合了这一古今文化杂交的语境。它适用于天津正在形成地域特色并大量建设的建筑。建筑师如果从"低技策略"的角度出发，积极面对社会现实，创造性地将建筑艺术与天津历史和社会紧密结合，就能建造出本土的高技作品。

在矛盾中前行
——风貌区建设措施纪实
Documentary on the Construction Measures

◆ 文 田垠 赵彬 韩宁 王瑾

　　作为职业建筑设计师，做每一个项目都不可避免地会受到一些客观条件的约束。即便是面对一块自身和周边条件都十分理想的基地，也不可能随心所欲地发挥。在风貌保护区进行新的工程建设时尤是如此——新建建筑与保留建筑间距是否满足消防要求、建筑风格如何协调、施工阶段如何不对保留建筑的结构造成影响、如何解决新老建筑地下设备管线的矛盾冲突、如何不影响老建筑正常运营等种种矛盾和冲突反复出现。可以说，为了诠释一个好的建筑作品，一个问题已经足够"挠头"，而在泰安道工程中，这些问题似乎来了一次集中体现。因而这一次，我们要顾及的问题将会更多。

一、良木择主而事 —— 原有建材的利用

　　风貌区中的美国兵营是一个典型的19世纪砖木结构建筑。为适应新的使用功能，在此次加固改造中，我们用钢结构梁柱楼板取代了其原本的木质构件，只保留砖结构外墙。在现场调研建筑木结构构件时，大家惊讶地发现，这栋建筑使用的全部是质地良好的美国雪松，从拆下来的梁柱看，甚至有截面边长超过70厘米的大号木料，且经过百年的时间流逝，强度依然如故。所以，各方都在"觊觎"这批木料。

　　开始，有人提出如果把它们作为建材出售，价格将是同尺寸新木料的好几倍，这样可以快速回收资金。这一方案遭到建筑师的一致反对，认为这样无异于用珍珠砌墙。在各方压力下，这个方案最终没有通过。

餐厅走廊

餐厅包间

三号院内咖啡厅

    在美国兵营所在的三号院，需要建造一座两层的小咖啡厅。它在三号院的中央，从历史保护建筑花园大楼中延伸出来，是院内新老建筑的过渡。三号院的主建筑师赵晴提出，是否可以使用这批雪松作为其外装材料，并且同时也将其应用在三号院朝向内院的阳台上，让新老建筑有一个共通的符号。于是，便有了今天我们看到的三号院内院——在红砖色底色衬托下，这批雪松以古朴简洁的形式作为装饰构件出现。在处理过程中，只将这批雪松进行简单的切割，而不用常见的清油或混油方式，使其仍保有原本粗犷、坚固的特色，突出木头自身的特性、质感；表面经过简单的喷灯烤制处理，再用钢刷稍稍刷出木筋，刻画出时间的流逝感。

    古语有云"良禽择木而栖，贤臣择主而事"，这批木材正如"贤臣"一般，宿命终究没有让它再次做回梁柱。今天，它同泰安道地区一样，在新的工程建设后，焕发了新生。

戈登堂历史照片

二、谦虚是一种包容 —— 保护建筑消防措施

在解放北路上，有一栋中世纪城堡风格的两层青砖建筑与四号院相依相傍，它是始建于1890年的戈登堂的遗存部分。原建筑大部分被1976年唐山大地震破坏。戈登堂曾是英租界中一个地理位置非常优越的，供各国侨民聚会、娱乐的场所。作为当年天津英租界工部局的所在地，自建成到1976年，它始终是天津的地标建筑。一百多年来，它和维多利亚花园共同记录着历史的繁华与时代的变迁。

戈登堂遗存建筑势必会对新的工程建设造成影响。在天津近些年的建设项目中，不乏通过改造甚至拆除老建筑以迎合新的工程建设的案例，其实这在全世界范围内也实属正常。但面对这样一个饱经风霜、经历了120年风雨、承载了太多太多的建筑，各方最终达成共识，从保护老建筑的角度出发，通过现代的手段将戈登堂适当加以改造，以此来处理新老建筑的矛盾。并且，戈登堂还将在改造之后被赋予新的功能。

现存的戈登堂遗址，两层建筑总面积为861平方米，砖木结构，耐火等级为四级，其自身的诸多方面以及与四号院过近的间距，均不符合现行的防火规范。

四号院

　　如果试图提高戈登堂遗址的耐火等级，那么对其内部各种构件都要相应进行防火喷涂以提高耐火极限。但顶棚等用来装饰的精美木构件将被"包裹"起来，建筑原有的特质将遭到破坏。最终，通过消防性能评估，我们选择了既能满足规范要求，又能实现对老建筑最大限度的保护的方式。

　　因改造后的戈登堂遗址内部能够同时容纳的人数有限，所以不需要提高耐火等级，因而不需要新增防火分区和提高建筑构件的耐火极限。另外，为防止大面积自动喷淋对建筑造成损坏，在改造中主要选择气体灭火的方式，并在建筑内部某些适当的部位增设侧喷淋。此外，考虑到其为两层建筑，疏散条件相对有利，因此，仅在建筑室外增设一部应急逃生楼梯以解决疏散问题。

　　另外，将四号院酒店临戈登堂遗址一侧门窗全部设计为甲级防火门窗，即将此侧整体视为一面防火墙，从而解决新老建筑间距过近的问题。

　　在历史建筑面前，我们最终没有选择对戈登堂遗址进行大规模的改造，而是选

新老建筑搭接   2号院内院

择对其予以充分的尊重，放低姿态，"谦虚"退让。今天，四号院用自己博大的胸怀守护着历史珍贵遗存的同时，并与之共同见证着这座城市、这个国家、这个民族的未来。我想说，和则两利，这种同历史的和谐共生，似乎正展现了一座城市的广阔胸怀和因深厚的文化积淀而得来的独特魅力。

三、"若即若离"的新老建筑 —— 保护建筑结构措施

四号院的位置基本上是市委原办公大楼的旧址，其地下满布的预制桩，承载力很低，用不了又拔不出，给桩基施工造成极大困难。解决这个矛盾没有巧办法，只能由施工队一点一点返旧桩位置，我们一根一根调新桩桩位，使新桩在旧桩之间见缝插针。桩基施工完成后，在许多荷载相近的柱下，新工程桩的间距及排列方向差别很大，新桩之间掺杂着废弃的预制桩，承台不再是方正的形状，而是形成了许多异形的多边形承台。基础承台、梁、板施工前，将旧预制桩的桩顶剔除一定长度，使其顶端与基础底板之间的距离略大于基础预估沉降量。这样既保证了新桩的数量，又避免了旧桩对基础的不利影响，实现了新旧基桩的和平共处，同时也留下了别样的历史见证。

泰安道地区遍布风貌保护建筑，新建二号院将与原八路军办事处旧址、屈臣氏大药房、京华饭店大楼等老建筑形成围合的院落。这些建筑有近百年的历史，大多是砖木结构，基础很浅且尺寸较小，无论是材料还是尺寸，与现行规范的要求都相差甚远。

为避免新建筑对老建筑基础的扰动，引发其结构开裂甚至破坏，我们在靠近风貌建筑的一侧，将新建筑地下室外围适当后退，留出基坑支护的空间，在地面以下挑出钢筋混凝土板给基坑支护桩以有力的支撑，使支护桩在地下对老建筑基础形成永久的保护；没有地下室的部分也后退到足以不影响老建筑基础的位置。新建筑在地上伸出长长的挑臂，尽量靠近老建筑。今天，地面上老建筑"毫发无伤"地与高耸挺拔的新建筑相依相伴，这得益于地面下相互远离又悄悄支撑、地面上互不干扰但能使建筑尽量贴邻的结构处理方式。这种"若即若离"的关系加之协调统一的建筑风格，使得新老建筑的融合更加完美和谐。

四、让现代的脚步穿行于此 —— 规划地铁线结构措施

地铁四号线在泰安道项目启动前便早已规划定线，刚好要下穿二号院和四号院。按照地铁建设的要求，基础桩距至少需要近11米才能满足跨越盾构的要求。基于安全性、合理性、经济性以及保持建筑品质等方面的考虑，经过全面综合论证，最终选择了不同的方法来解决此矛盾——对于二号院，维持原定方案；在四号院中，将地铁线位迁出建筑范围。

为解决二号院与下穿地铁线的矛盾，结构设计要做到地上建筑与地下盾构互不干扰。在二号院地下一层、地上五层，我们采用了深层搅拌桩处理地基，解决主体范围与纯地下室范围可能存在的不均匀沉降。搅拌桩的桩端与盾构顶部的距离远大于地铁要求的限值，避免了桩基在竖直方向对地铁盾构的影响，为将来地铁四号线的盾构施工提供可能性。

最终的结果相当理想——建成的二号院，静静等待着地铁四号线的开工，等待着地面下20米深处"新伙伴"的到来；历史悠久的泰安道地区也将亲身感受现代的脚步，见证城市发展的速度。

地上地下互不干扰

五、"回归安置"与"综合整治"—— 老建筑设备用房和地下管线整改措施

泰安道项目中，二号院、三号院和五号院院内均有需要保留的且正在使用的老建筑。在不影响老建筑正常运营和不破坏其外观的前提下，我们针对新老建筑的不同使用需求，并结合庭院内景观设计的要求，将老建筑墙外管线及影响庭院总体布局的破旧房屋进行拆改，并以院落为单位对设备用房和各种管线进行重新整合。这一系列整改方法可以归纳为"回归安置"与"综合整治"，其在二号院工程中表现得尤为突出。

二号院中有天津第一饭店、天津机械进出口公司（原十八路军办事处）、屈臣氏大药房等多家单位。每家单位各自为政，都独立设置自己所需要的设备用房。原本不大的院落内挤满了简易的临建设备用房。在这些临建建筑外墙，像藤蔓一样爬满了各种管道和电线。

老建筑墙外管线拆改

在工程建设中，这些临建用房势必要拆除，并且须在新建建筑内给予重新安置，以保证老建筑的正常运营。原院落内的临建设备用房从而完成了由建筑外到建筑内的"回归"。

为了减少老建筑的设备用房在新建建筑内所占的面积，我们统筹考虑、综合整改——二号院内所有单位共用一个消防水池（设于院内地下），第一饭店单设消防泵房，其他建筑共用消防泵房，除此之外的其他设备用房各自独立设置。这样一来，便将设备用房在地下室中所占面积减到最小。

景观设计师在二号院院内设有6棵大树和占地100多平方米的喷泉水池，因此要将地下零零碎碎共计26种管线和若干化粪井、隔油池、消防水池等构筑物进行合理整合布置。在40米×60米的庭院内，若想将它们整合好，只能将管线一根一根清理出来，同时将消防水池上部覆土加厚至1米，将其局部和喷泉水池重叠设置以减小占地面积，尽量贴近排出口设置化粪池、隔油池，以减少管线不必要的交叉。为了保证工

从维多利亚花园看四号院

期和施工质量，由甲方统一开槽后，各专业工程局再进场敷设各自的管线，最后统一回填。通过一系列常规和非常规的手段，终于顺利将新老建筑间的"血管"接通，为老建筑的新生输送了新鲜的"血液"。

"回归安置"为老建筑的设备用房提供了一个安全、稳定的运行环境；"综合整治"使老建筑的设备用房得到合理配置，庭院内的地下管线得到清晰梳理。最终，在节省了面积、造价，缩短了工期的同时，又保证了老建筑的正常运营和新项目的景观效果，使工程建设中的各个环节都得以最优化。

在泰安道项目中，我们始终力求在营建新建筑的同时，尽可能保护好天津古老的建筑文化传统、街区历史特色，最大限度地为这座城市留下历史的记忆，做到新老建筑和谐共生。毕竟，一座城市的魅力并不仅仅在于它今天有多么繁华和美好，也关乎它的内涵、特色和文化，而这些都源自它的历史。用现代的方式诠释历史，用历史的方式装点现在，才能为这座城市的未来描绘出更绚烂的色彩。

技艺

—

相生

让建筑可阅可读
——复杂工程中的BIM技术应用
Application of BIM Technology in Complex Engineering

◈ 张泽鑫

"没有什么事比引入新流程更困难，更具风险，或在取得成功方面更具不确定性。因为创新者面对的敌人是所有那些在旧环境下工作顺利的人，以及那些具有在新环境下工作的潜力，但却对新环境持冷漠（不关心，不感兴趣）和抗拒态度的人。"

——尼科洛·马基雅维利《君王论》

BIM，一个当代建筑师既陌生又熟悉的名词，它势头强劲，比我们想象的更迅猛——总包、分包不得不"BIM"或者说是"被BIM"……让我们不得不感慨：BIM时代来临了。四号院的信息之路同样也有这样一个充满矛盾与悬念的开始。

与BIM结"缘"

对一座建筑，尤其是一座具有深远背景、深厚底蕴、多样功能与复杂要求的建筑，如何将设计理念与着眼点贯穿于建筑寿命周期的始终，让团队中的各个专业互相协助，而不是相互牵制而对设计成果造成影响，这或许是每个设计团队的终极目标与理想。四号院的设计团队亦是如此。

深厚的沿革，一个又一个有趣的故事……当你站在泰安道四号院这片场地的那一刻，你就能深刻地体会到，这注定是一个充满故事的开始。建筑风格、功能、材质、线脚、空间的尺度与感受，甚至大厅中的吊顶、灯光、壁纸、地毯与画像，这些画面在建筑师的脑海中飞快地掠过。而对于设备工程师来说，却没有这般诗意，脑海中出现的是一张张密密麻麻好似迷宫的图纸……

四号院外观

这，必定是一场混战。

决策无疑是必要的

如何让建筑、结构、设备多个专业在这个复杂项目中协调得更为顺畅，使设计师与业主甚至施工单位找到更好的沟通桥梁，着眼于项目的全过程、行业的趋势、业主的需求……？BIM，跃入决策者的脑海中。

创新与挑战总是并存的

引入新技术与新流程，熟练的软件操作显然是不够的，不仅需要丰富的项目经验与夯实的业务能力去支撑项目的整个设计过程，还需要在项目的方案和初扩阶段投入更多的人力成本。而时间，无论是对设计者还是施工方，都是非常紧迫的。但就

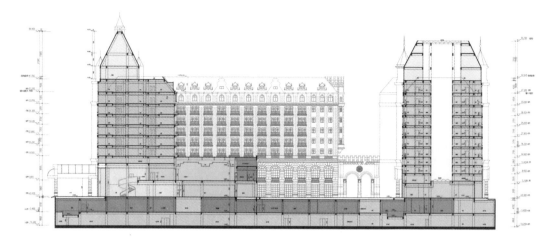

汽车坡道与风道的合理排布
剖面功能

BIM技术本身而言，它是一个全生命周期的产品，并且可以为结构、设备、施工和运维环节带来极大的便利，这无疑为项目的全过程设计提供了有力的辅助与保障。至此，我们将关注点由"用不用"转向了"用在哪，怎么用"。

以BIM建"院"

权衡了各方利弊，再结合团队自身特点，我们最终决定采取二维与三维结合的应用方式，即先用传统方式进行方案设计，再利用BIM技术对方案进行优化，建立数据库，支持施工与运营维护。

那些理不清的管线

如果你是一名建筑师，当项目进行到一定深度，总是不免对着自己的图纸细细端详审视一番，平面、立面、剖面、外檐、效果图……，功能流线、分区布局、开间尺度，总是可以让人细细琢磨推敲。然而，作为一名设备工程师，却未必有这种心情。我们常常见到这样一番场景，几个人、几张图纸、几颗头围拢在一起，在图纸上不断地指指点点，音调高低起伏，不绝于耳。建筑、结构、水、暖、电，当各个负责人聚集在一起，由会议开始的一刻，争论就开始了……

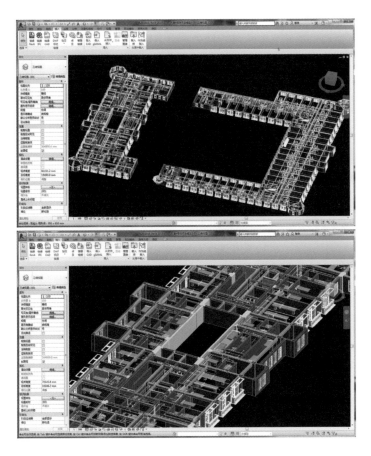

BIM过程图

专业间的协调，从不是一件简单的事

当你看到四号院BIM模型全景的那一刻，必定会有头皮发麻的强烈感觉，这样错综复杂的管线网络，若是失误，必定会对今后的施工甚至使用造成不可磨灭的影响。面对这样的项目，就更要求设计人员具备严谨的态度以及协作的团队精神。

四号院在五大院中的功能相对复杂，建筑周边环路，南向紧邻维多利亚花园，基地面积与楼座尺度严重受限，并且建筑四周均要保证与周边环境的沟通。这就导致了设备空间的异常紧张，加之酒店的功能需要，设备综合便只能集中到交通核周围。在裙房与酒店塔楼之间的设备转换层中，整栋建筑的设备核心汇聚于此。为了获得更大的内部空间，建筑中便出现了高900毫米的"巨型"梁，这无疑为本就已经条件不

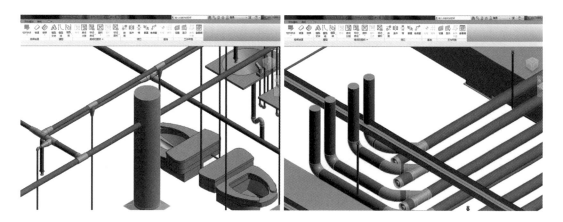

机电管线冲突检查

利的设备转换层增添了更多不利因素。

由于建筑体量较大，而该片区域的檐口高度被限制在40米范围以内，在有限的层高中，要获得更舒适的室内环境，又要利用"U"字形的建筑形态形成良好的内部庭院空间，在这样复杂的因素与限制条件下，设备综合工作的难度不言而喻。

在这样的情况下，BIM直观与严谨的数据分析结果便为我们的设计准确性带来了保证。

打开四号院的冲突检测报告，冲突列表清晰可查：卫生间的上水管道穿过了柱子，自动喷淋装置穿过了下水管道，结构钢梁将下水管道生生阻断……

传统的CSD套图工作是由资深工程师进行建筑、结构及各系统机电图的汇集整合，工作复杂，工作量庞大，较容易产生疏漏及人为判断的错误，只能在现场施工中再做弹性调整，由此浪费了很多时间和经费。

通过BIM的冲突检查，在施工前发现管线的硬冲突、使用机能的冲突及视觉冲突，先行改善后，便可减少工程阶段变更设计的次数，缩短工期并节省工程造价的效益，甚至通过空间优化手段，提升日后空间的使用价值。国外的建造工程在施工阶段应用BIM所创造的30%以上的投资报酬率，已经获得实例验证。

纵使，设计仍然靠人，但自此，管线虽杂，思路却捋清了。

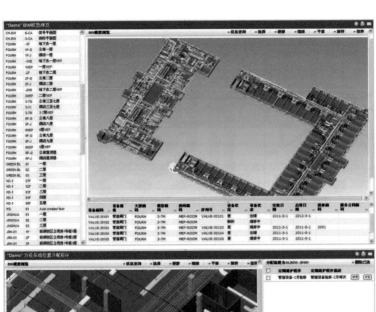

BIM过程图

运维全书

全过程设计，最终落在一个"全"字。设计师做方案、扩初，做水、暖、电，这便是全了？答案必然是否定的。设计本就面向于人，也必然落脚于人。使用者自是根本，与BIM"全生命周期"的理念相同。而在建筑的全生命周期中为使用者不断地提供设计服务，BIM则成为主角。

工程完工后，团队交付了与现场完成项目相符的BIM竣工模型，而竣工模型则成为后续运维管理的基础数据。结合这样的基础数据，团队开发了针对该项目的运维管理平台。这些运维管理包括三大部分：维修计划、资产管理及空间管理。对于所有的设施都可以不断更新数据、快速搜索历史数据；对于设备保修管理也可以快速追踪到管线的空间位置；对于资产管理也可以进行统计及空间定位；对于商场租售管理及酒店的空间管理，都利用BIM模型来解决；真正做到了全过程设计。

建构BIM"愿"景

四号院项目引入BIM技术作业后，已展现初步成效，而在此次项目中，由于种种客观及主观的原因，仍有许多尚未涉及的领域。例如项目前期的地域气候分析、复杂地质、总体规划、建筑设计应用及方案比选、5D施工进度模拟、施工吊装模拟等，更有室内热工及环境分析等领域都是我们日后可以不断尝试的方向。

工欲善其事必先利其器，在复杂设备中引入BIM技术，不仅对项目的严谨性、科学性提供了有力保障，也体现出了BIM在全生命周期设计管理过程中的革命性作用。

整合为"容"
——外檐与设备在整体设计中的统一把控

The Unified Control of External Eaves and Equipment in the Whole Design

 田垠

　　长久以来，建筑师追求的核心内容之一，就是用统一的手法处理建筑内外檐，以获得一个纯净的空间。在过去很长一段时间内，设计者对建筑室外设备采用的更多是一种"打到哪算哪"的处理方式；但是随着使用者对建筑的要求不断增加，特别是在比较重要的公建项目中，复杂的配套设备早已成为建筑内外檐不可忽视的元素——那些毫无处理的空调室外机、高耸出屋面的冷却塔，虽然可以满足建筑的功能需求，但是草率的处理手段、强烈的出戏感影响的不仅是城市景观，使身为建筑师的我们也常常被质疑设计能力。我们何尝不想把它们与建筑本身结合起来，变成建筑合理、协调的一部分，但这是有代价的，更完善的措施往往需要更多的建设成本；因此，"感觉"很轻易就被"成本"打败了。所以，建筑师的工作其实就是在立面效果、经济情况、设备需求三者中寻求平衡点。泰安道工程就存在这样的问题。

　　泰安道工程所处的特殊地理位置决定了项目对建筑外形的要求异常严格，人的视线所及要尽量避免不协调元素的干扰。因此，自设计伊始，我们就对设备与建筑内外檐如何更好地结合进行了反复的探讨和推敲——我们从全局统筹考虑，希望通过努力可以做到：之于建筑外立面，将室外设备很巧妙地隐藏在建筑的外檐中；之于建筑内部空间，通过"集中化"设置设备用房和各种管线，以最大限度地避免其对内部功能和美观造成影响。下面介绍几个具体措施。

海河沿岸夜景

一、看不见的投光灯与冷却塔——室外设备的选位

华灯初上，夜景灯光装扮下的四号院散发着内外交融的美感。此刻的四号院无疑是最动人的。但倘若细细观察，你并不会发现光源来自何处。早在设计之初，为了保护建筑的古典风格美感，我们便确定了两个原则———是"灯具不入景"，通过隐藏灯具，保证在人视点所及范围内不出现投光灯，达到"见光而不见灯"的效果；二是"点亮必要之光，避免过度设计"，通过对投光灯合理的定位和选择不同性能的灯具，使得最终的夜景效果能够很好地衬托出建筑本身的美感，生动地刻画出古典建筑的特色。因此，自方案伊始，我们就在平面和立面的设计上为日后的夜景灯光设计预留下伏笔，并在之后的夜景灯光设计中提出了指导方案。

我们将建筑进行亮度分级——基座、标准层和屋顶分别定义为二级、一级和三级亮度，并确定了不同的受光部位，然后将不同照度的投光灯相应安置于建筑外檐各级檐线和天沟等处。为此，我们首先做了视觉分析，保证人在距建筑100米远处看向建筑的时候，所有的投光灯全部位于视觉盲区之内。

丽思卡尔顿夜景效果

　　此外，还通过调整灯具和建筑之间的距离，控制逸散光在室内天花板上形成的光斑的效果，在注重建筑外部美的同时，也充分考虑建筑内部气氛的营造。

　　在四号院的夜景灯光设计中，最终达到的效果是将建筑作为主体。它本身"活"了起来，它的魅力是由自身散发出来的一种浑然天成的美感；而并不会让人感觉到设计者是主体，并非为建筑人为地附加一些附属品，以完善它的美。

　　对于大型的室外设备，我们也努力试图将它们隐藏起来。建筑中最大的室外设备当属屋顶上的冷却塔，而让冷却塔高效工作的理想条件是四周无遮挡，这样才能保证其周围较好的空气流动性。但这通常与建筑物的风格和整体性相矛盾，如对于穹顶、坡屋顶建筑，基本上无法在屋面上放置类似的大型设备；且即便有地方放置，也会直接影响建筑的美观，对外形要求较高的建筑尤其如此。因此，在泰安道工程中，为了遮蔽冷却塔，在初步设计阶段，各设计单位的设备专业与建筑专业之间便进行了充分的沟通，以求得最优的解决办法。针对各自不同的情况，针对五栋建筑最终解决此问题的方式可谓各具特色——其中在一、四、五号院将冷却塔藏于坡屋顶内部；在三号院使用钢檩条透空坡屋面对冷却塔进行遮挡。这里以四号院为例。

灯具位置
设备机房

　　四号院作为欧式古典建筑，坡屋顶是其标志性的造型。为了遮蔽冷却塔，我们对坡屋顶采取局部开敞式的处理方法——即在放置冷却塔的区域不封闭屋顶。这样处理使得净高近6米的坡屋顶起到了女儿墙的作用，将冷却塔隐蔽起来的同时，也很有效地隐蔽了高出屋面的楼梯间、电梯机房和其他一些机电设备。而坡屋面上开启的老虎窗则成为冷却塔的进气窗，巧妙地保证了冷却塔的正常工作。通过这种方式，无论是站在地面上，还是在同高度的其他建筑上观测四号院，均不会因外露的设备而破坏建筑的整体观感。

二、看不见的设备空间——设备用房和竖向管井的选位

　　诚然，建筑最终还是为人所用。因此，在努力追寻建筑外在"完美"的同时，我们也在努力追寻建筑内在的"完美"。

　　对于小型建筑来说，由于其内部功能单一，设计标准不高，相关机电设备较少且布置简单，难以追求"经济、美观、实用"三者平衡的问题并不突出；但对于大型公共建筑，因其内部功能多样，设计标准较高，若是缺少统筹考量，相关问题便暴露得非常突出：凌乱的竖向管井会对建筑空间造成不必要的分隔，影响建筑的使用效果；大型设备的随意安放不利于管理与维护，占用的空间也损害了业主的经济利益；任意开设的百叶会破坏建筑外观，降低建筑的整体品质。

隐藏在坡屋顶内的冷却塔
机动车坡道上的排烟口

　　泰安道工程项目意义重大，且五栋建筑均是欧式风格，功能复杂。因此，须坚决杜绝上述问题的出现。在设计过程中，对于设备用房和竖向管井，我们恪守"集中化"的设计原则。为了保证欧式建筑古典风格的完整性，设备专业从设计初始阶段便密切地与建筑和结构专业结合，始终积极努力地寻求着最佳解决方案。这里以四号院为例。

　　四号院是一个建筑面积近十万平方米的超五星级酒店，根据使用功能分布，整栋建筑被分为三个区域，其中地下一、二层包含车库、厨房、洗衣房、设备机房、泳池以及桑拿房等，属于后勤功能区；一、二层包含酒店大堂、全日餐厅宴会厅、特色餐厅、会议室及各餐厅配套的厨房，属于酒店配套服务区；三至九层是酒店客房层。结合建筑特点，三大功能分区竖井和设备安放的处理方式是——地下一、二层的竖向管井围绕四个核心筒集中布置，设备用房再围绕竖向管井集中布置。常规通风的一部分由风井引至一层，集中对外开设百叶；另一部分通过风井集中，在通向地下室的汽车坡道侧墙上开设百叶；而像厨房这类会产生异味的空间，则通过竖向风井引至屋顶层集中排放。

设备机房
空调给排水管道

位于二、三层之间的设备层，作为最主要的设备空间，集中安放、服务于一、二层的所有空调通风设备。其在保证了一、二层各大小宴会厅使用空间的同时，也为设备的有利维护和噪声的有效控制提供了保障。

在客房层采用独立管井的设计手法，将空调水管、排水管、通风管道的干管集中布置在独立管井内，将为其服务的大型空调设备和通风设备布置在设备层和屋顶。这种做法的好处在于，从空间上讲，由于酒店标准较高，进出每间客房的通风、空调

和给排水管道总共约有12根，也就是说与之连接的干管至少有12根，如果将这些干管
水平布置在各层走廊里，无疑会对走廊提出更多的空间要求。但走廊越宽，客房进深
就越小。而独立竖向管井的做法很好地解决了这一矛盾。

　　另一方面，从管理和维护的角度讲，如果这十余根干管均布置在走廊吊顶内，
吊顶上开设的检修口就会异常琐碎。对欧式古典的内装风格而言，这是坚决不能接受
的。而采用独立竖向管井的做法后，相邻客房共用一个管井，每个管井设一个检修

独立竖向管径图及走廊完成图
设备夹层外檐

门——规格统一，呈阵列化的布置，为内装设计提供了便利，最终的隐蔽效果也很好。而且独立管井的设置，以及大型设备在设备层与屋顶的集中安放，为维护人员提供了便于操作的空间。对于大型公共建筑而言，维护的便利性是决定其使用效果和使用寿命最重要的保障之一；如果维护的便利性得不到保障，那么所谓设计的高标准就是不可持续的，为此付出的经济代价也是长期且巨大的。

这里再特别介绍一下四号院外檐百叶的选位。当大型通风设备被集中安放后，对外百叶也自然会被设计在外立面相应的位置上。对于四号院项目，设备层位于二层夹层，因此，如果百叶的选位和样式处理不够巧妙，人在室外观测建筑外立面时，将会觉得非常突兀，以致对建筑整体风格造成不协调的影响。在设计之初，我们就针对此情况确定了以下原则——将窗户改装成同尺寸百叶窗，不新增任何开口；外观颜色

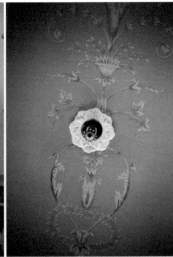

设备结合内装

采用灰黑色，以达到与正常窗户接近的效果。另外，欧式古典建筑的外立面造型非常丰富，门楣、腰线、阳台、柱廊等构件可以进一步起到淡化百叶窗视觉效果的作用。

此外，对诸如消防喷淋头、烟感探测器等暴露在室内的设备终端，也结合内装设计进行了较好的装饰美化，达到了与内装融为一体的效果，有些甚至提升了内装设计，成为"点睛"之笔。

任何配套设备都是为建筑服务的，它们不应只满足建筑的使用需求，还应顺应建筑的内涵需求；尤其对于外置设备，更不能由于设计者没有考虑周全而喧宾夺主，破坏建筑的整体效果。因此，在泰安道项目中，我们始终力求以整合的手段达到"融"的效果，不断在建筑与设备之间追寻着平衡，将建筑自身的古典之美与周围环境间的和谐之美得以完美地呈现。

泰安道历史街区

红房子
—
RED HOUSE

接近建筑
——丽思卡尔顿酒店内装工程记

The Internal Design of the Ritz Carlton Hotel

 邱雨斯

　　像曾经参与的其他工程一样，当我完成整体建筑设计，并为内装深化工作预留充分条件后，我认为四号院的内装工作对我来说已经完成了。按照以往的经验，建筑师接下来的工作，无非是配合内装方案调整设备选型、管线路由等。但事实上内装工作贯穿了我设计工作的始终，所花费的时间、精力超过了整个主体设计全过程，使我被动地做到了一个建筑师真正该做的事。

　　先介绍一下四号院参与内装设计的主要单位：担任主体设计的是法国PYR——在可以排进世界前三的内装设计公司；所有餐厅设计由日本的Strikland负责，设计人员有着日本人特有的严谨认真，经验丰富；厨房设计是有美国公司背景的RND；照明设计公司富润成也是一家美国公司。每个公司又由不同国家的人组成，再加上管理公司的团队有6个人来自6个国家，以致每次开会都充斥着各种口音的中文与各种语调的英文。多样的人就有多样的思路，虽然在设计之初我们就预计到方案会调整，但有些想法在当时看来还是很具颠覆性的。

　　最终实施的中西杂糅的风格并不是内装设计师开始时的首选。按照酒店管理公司的习惯，除业主可以提出自己的要求外，设计师可在管理公司的标准下自由确定设计风格。而我方作为主体设计单位，在其中扮演了建设方顾问、地区历史知识普及者、中国设计规范解释者等一系列角色。这些工作本来并非建筑师应该负责的，但由于工程的特殊性，我们不得不承担了这部分承上启下、却又无人负责的工作。不过所幸结果没差别。

一、内装方案的胜利

最初，可由南侧前厅进入宴会厅，客人到达二楼后可以直接进入。从建筑角度看，优点明显——流线最短，且没有交叉。但内装设计方要求把前厅后置，这就使得人行距离一下长了几倍，整个西侧走廊几乎没有功能，而且穿过会议区。我们提出反对意见，认为这样会产生很多问题，且客人会感到疲惫；PYR则认为完全没有问题，可以保证任何人不会感到不适。实施后，确如他们所说，较长的走廊把参加宴会厅活动的人和大堂的客人完全分隔开，虽然会议区可能会受到一些干扰，但是另两个重要功能区得到了非常好的提升效果。

此外，原本设计为无功能的西侧走廊，却成为亮点。每当晴天，午后的阳光透过垂着纱帘的落地窗射进来，长长的走廊融化在一片金黄与水蓝中，走在其中当然不会累了。

红房子
—
RED HOUSE

大堂内装实景

二、文化差异

更大的认识冲突出现在大堂。在方案阶段，因为规划条件的限制，四号院较同级别酒店进深较小，为尽可能获得一个大尺度的大堂空间，我们付出很大代价，去掉了大堂中两颗柱子。而PYR的方案核心就是要恢复这两颗柱子，做一个小尺度的共享大厅。

在东亚民族的文化中，重要的礼宾空间一定要尽可能地高大宽广、气势恢廓。而西方有句话"恺撒的归恺撒，上帝的归上帝"，他们认为高大空间只属于上帝，也就是教堂，其他的够用就行。这类问题在日常设计工作中也常遇到。甲方，特别是对项目重视的甲方，总在问"净高多少"、"最宽多宽"，却也说不出高到多少是标准，其心理大都是"既然花钱了，得到的就越大越好"。公正地说，两边都有道理。最终的结果是在管理集团的支持下按照PYR的方案实施。效果怎样，我想应该是见仁见智，就像租界为中国带来的影响，难有定论。

此外，负责餐厅设计的日本设计师要在酒吧首层局部加建夹层。但我们估算，这样一来，最矮的部分将不超过2.2米。当时几乎所有中方人员都反对，认为实际感受肯定不好，但日方一副见怪不怪的样子。于是，为此展开数月的拉锯战，最终在充分论证和管理公司的支持下，大家抱着试试看的心态实施方案。事实证明效果很好，虽然高度确实不高，但适应酒吧的私密特性，与整体氛围协调。

三、表现

建筑师与内装设计师的工作领域不同，关注点也不同，但有时也会采用异曲同工的手法。王澍的一个代表性手法就是用老建筑上的砖瓦砌筑外墙，像宁波历史博物馆、世博会滕头馆等，相当具有个人色彩。在中餐厅里，日本建筑师也用了类似手法。中餐厅的风格是现代中式，部分墙面与吊顶是用江浙地区老建筑拆迁时拆下的窗棂拼成的。这些窗棂虽不是古董，但也都有百来年的历史，拆下后没有什么用。建设方的材料经理在当地把它们收集起来，在现场按图纸要求拼起来，拍下照片发给设计师，得到确认后把每块窗棂编上号，运回来，再装上。于是这些窗棂与美国兵营拆下的雪松木料分别担负了面与线的作用，为原本现代感十足的餐厅注入一种沧桑感，这种感觉就不是简单的用钱可买到、各种制造工艺可以复制的了。

除了这些，按照日本建筑师的方案，中餐厅也尝试了一些新工艺，如金属丝的

东南亚风情餐厅内装实景

走道内装实景

织物饰面、木雕镀铜的扶手，都是在国内项目中首次采用，建成后效果也很独特。不过一段时间后，精致的铜扶手有轻微晃动，织物面逐渐起鼓，让人不禁感慨，"好"与"经典"之间可能只是制作者的一口气、一股"一以贯之"的精神，现在我们缺乏的就是这种"执着"的匠人。

看到这情景，我仿佛回到了百年前的泰安道地区，乃至中国各地租借地的建设之初，当时各种文化首次相遇，在互不了解的情况下共同面对问题、解决问题、激烈交锋。交锋的结果是相互接纳融合，于是用中式的青砖盖起了哥特式的戈登堂，在英式的花园里立起了中国石狮子。直到四号院的内装设计，高傲的法国设计师也不得不承认交融与混合是这个项目的必然主题。

四号院的落成与交付使用，可以算是为五大院的整体设计工程画上最后一个代表竣工的句号，而我的配合工作也就此结束。对于这样从城市设计到建筑内装的"全过程设计"，此前从未经历过，但是我相信，在以后的项目中，这应该是一个最好的模式——一种将设计师的想法从宏观到微观进行实现的最好体验，一种更接近建筑的体验。

番外篇

随感 II
Informal Essay II

 赵春水

一、设计师的合同

时光已照进21世纪的中国了，设计师还在为应有的权利而苦苦挣扎，其中原因也许是普遍缺失对"契约"精神的遵守和尊重的社会现状。导致的结果是，夹杂着类似权力与利益的纠结使得原本简单的事情复杂而艰难，按照因果关系和逻辑关系很难理清并找到解决方案。

有一次参加竟图，与德国人合作有幸中标，随之而来的是国内设计单位早已习以为常的对方案的调整及深化，以及一轮轮的汇报与修改。外方设计师被我们说服要适应中国国情，很温顺地配合几个月直至完成整个方案的汇报程序，这期间充分展示了他们的执着与敬业。但是，工作合同却因为没有开发商拿地而迟迟没有签署。这种情况下，国内设计单位还能接受，可是对于老外却十分艰难。原因是，许多德国设计公司靠工作合同取得银行贷款来维持运作。如果只有中标通知书，按照德国的法律是没有任何效力的。所以按照惯例，他们确实需要合同保障。如果没有契约（合同）也就没有贷款，以致不能维持公司和团队的正常运营。

对于业主或甲方，什么时候签合同也许是件小事，但它反映了中外对于契约的不同态度。商品经济越发达，符合市场规律就越有必要。其实"合同"是一把双刃剑，既要求业主或甲方支付劳动报酬，同时也对设计师提出尽职尽责的责任和义务。记得，山本理显曾经说过一句话："设计师与业主的关系是一种'信赖'关系。"如果没有信任和诚信，就无从建立一种契约合同。这种信任也许是对设计师专业能力认可之后，对于项目本身的信心。

二、我们缺少的是什么？

说到缺少思想，很多人都会不认可。其实我心里也觉得这么说有点过于苛刻，要在现代媒体中发表以上言论，肯定会遭到板砖，这个题目也很伤人，但是伤疤总是要掀的。从我们的教育说起，被独统的思维模式，就像解数学题只有唯一正确答案。当我们对待文学艺术时也是如此，世界观、价值观出奇地统一，到了无法分辨个性差异的程度，这使我们的思维方式都十分相似，这导致思维的统一和退化。相反，在少年时代接受了以相对论为主的"左右逢源"式的万能哲学思想的教育，也就在统一性的基础上，人为地萌发了应对无限复杂世界的全能武器。每个人都会成为狡猾而圆通的竞争者。

但是，这种生存哲学不是思想。教育体系教会了生存但使人失去了思考。没有思考力的一群人是否能有思想？没有思想的人是没有创造力的人群，我们不应把缺失思想归咎于不能接受启发、自由的现代教育，对我们自身的审视也会帮助我们找到一些导致现状的原因和道理。每个人都是社会的产物，在全社会的洪流中能独善其身的人少之又少。当我们满足了基本物质需求之后，我们还要什么？从内心的需要考虑，还要什么？当我们有时间、精力、能力扪心自问的时候，真实的自己可能就会越来越清晰地浮现出来。

也许人真诚过之后，不论是美是丑，是时尚是老土，至少达到了最初的"真善美"境界、最基本的条件和原初的状态。仔细考虑起来，其实做到这一点也绝非易事，它需要勇气、决心和环境。无论如何，当我们进入"真"的状态之后，我们的思想才会被激发出来，思想和行为才能变成内心影像的投射，才能找到我们儿时曾经拥有过的追求"至真至纯"的状态。不忘初心，方得始终，借用建筑大师的一句话便是：做建筑最终要做到"质朴"。这不是对追求本真的另一种形象的诠释吗！老子所说"见素抱朴，少私寡欲"是同样的表达。在商品经济无限渗透的时代，被夸大的需求充斥于我们日常生活的细枝末节。我们真的需要商家强加给我们的多余功能吗？我们的建筑空间真的要那样表达和阐释吗？我们能做到不骄奢不夸张追求建筑本真吗？

当我们朝这个方向前进的时候，我们也许走上了一条正路，一条能引导我们的出路。在路上能思想能自问能自省，那我们离"至真至纯"的建筑还远吗？我们对比现状之后也许才恍然大悟，我们缺少的是追求"真"的勇气和决心，当真的去做真的建筑的时候，我们就不会缺少真的东西了。

三、关于各项评奖及评审

作为建筑师，有时不得不关注行业内外对建筑作品的评价，并以此来作为进一步行动的方向。现实中唯一或有限的官方评价机构就是所谓的行业协会，这个组织定期举行评审，按照既定模式给予各个上报项目评定等级，这就是项目获得的唯一官方指定奖项。特别万幸的是一个叫普利兹克的奖在众多大佬不看好的情况下发给了一个叫王澍的人，让"唯一"的声音立刻安静下来。相对另一边媒体放大炒作形成鲜明对比的是集体失语，这有点像一次"诺贝尔"文学奖发给了一个华裔法国人之后的效果。

在这里不想过多从专业角度评价作品的优劣，但普利兹克奖颁发给正在建设大潮中的中国设计师这件事本身，传递了一种建筑界的信息和价值取向。我们似乎看到了一种对不同价值的认可和褒奖。即使在目前的语境之中，对于主流的控制难以形成很大影响，但是他对于青年建筑师的价值观的建立却能起到深刻的影响。价值的一元化使现代中国建筑设计进入死胡同，只有多元价值的取向才是诱发创造性的引擎，才能保障创造的不衰歇以及生生不息。

作为体制内的专业技术人员，我作为评委参加过很多评审活动。在评审之前，设计方案都由相关部门反复"推敲"。其实到评审这一步，方案基本上被相关部门做完了，方案中的想法都如出一辙，去掉包装（立面、材料）后看不出什么本质区别。但是包装如同施魔法，如同诞生新生命一样，使方案变成不同的产品。审查完三个这样的方案之后，头脑基本就处于半睡眠状态了……

各个方案都注重形式而忽视或漠视思想。设计师将重点放在可控或可以交流的层面上，这样做也许是没有办法的办法，结果就是各个方案相对成熟，就处理手法本身来说都没有太大问题，但是缺少某种精神，就像没有经过思考，只从审美层面、技术层面来应对实际需求。然而经过思考之后才能有办法来分析和解决问题，没有诚意发现问题，也就不会有办法解决问题。

评奖结果是社会对建筑产品的价值取向的综合展现（以公开、公平、公正为前提）。就评判标准而言，有没有"创新"成为一把万能的尺子。不管什么类型的方案，只要用其一比照，就可以判断生死，造成了为创新而创新。一批奇奇怪怪的建筑披着创新的外衣招摇过市，使评价标准失衡。但是，引导创新的基础——"设计思想"却被忽视，无人问津。设计师是"上帝的代言人"，通过对空间、模式、环境的规划改变人们的生活状态，使身心更自然和谐。由于淡忘了设计师的责任与理念，加之对设计最初推动的缺失和忽视，使设计师只注重执行长官意志而缺少对现实的反思和批判，变成了行政长官意志的执行者而不是评判者与建议者，忘记了建筑师的社会职责，导致了审美以及个人情趣泛滥而没有节制。

一元化的思考模式替代了"表层思想"丛生的丰富多彩，方案经过"调整"之后只剩下了唯一的"事实"与不能讨论的"不二"逻辑。

适逢初冬，树叶飘落大地，心境也由绿变黄。在现实僵化的体制中，"真诚"建筑的萌芽很难冲破板结的土壤。好建筑的出现也许还要等上许多年，但那时我们已经老去，太阳还会升起。

四、关于招投标的思考

设计招投标的引入，使设计市场发生了巨大的变化。最近几年经历了数十次招标组织工作，也参加了大大小小十多次投标，感到随着市场形势的不断发展，招标的重点也屡次发生了变化。从重视形式、视觉到关注建造的内在逻辑，从重视尺度宏大、超然到关注尺度适宜、和谐，从重视豪华气派到关注绿色循环……从以上轨迹来看，我们似乎在进步，但由于我们的发展速度太快，以致我们的行动总是被动接受发展理念，并努力做出顺应发展的表现。

招企划VS招方案

我们经历的招投标大多是政府主导（或投资）的项目。由于时间紧，业主往往来不及提出明确可行的任务书。有的因为没有实际部门承接项目，包括管理和维护，致使在前期阶段功能使用与方案同时推进、互相影响，常常陷入"先有鸡还是先有蛋"这样一个古老而重复的无解循环，造成功能有时被形式引导。如果设计师或团队经验十足且足够负责，那么结果可能是可控的或可实施的；如果团队经验不足或不够敬业，那么结果可能十分可怕，致使建筑不能顺利建成或建成后无人使用。这只是一家之见，但它足以使设计的随意性和主观性占比太大，以致影响最终效果，事倍功半，效率低下。

这种普遍存在现象的深层原因是，政府在推动项目过程中的职责不清。市场有其自身规律，政府投资只提供一种资源，但并不能简单决定其收入与产出，更不能超越市场层面，直接决定它的供给与需求。由于主管机构对市场颐指气使，代为合法表达的设计招投标变成纯粹的上级长官意志的工具。招投标变成要做什么、做什么样式的美术图画比赛，而与市场需求和用户利益渐行渐远。

招方案VS招团队

"明星"建筑师事务所有许多局限，综合团队更靠谱一些。综合事务所提出的方案，一般都能考虑各专业的可实施性或技术可能性，而明星事务所主打建筑创意，由于人员、主旨所限，实施性、完成度会大打折扣。选择单位也要适人适事。

这就牵连到招标的目的是什么，是招设计团队还是设计方案。我们认为招一个好的设计团队比一个好的方案更重要。除去SOM（美国）、日建（日本）、GMP（德国）这种业务综合的超级公司之外，一般事务所都有其适应或擅长的领域，这给业主选择团队提出了一个很高的要求。设计公司投标时，除了拿出自己的案例之外，还要能够提出关于特定项目的独特解决方案，以展示其独有魅力和能力。同时，持续力也是一个重要因素。有一个不断持续深化的能力，才能保证在各个阶段都能拿出可以"出彩"的东西。这需要持续投入和连续关注，并持之以恒，直至任务完成，因此需要选择合适的设计师。建筑设计是一种体现个性的工作，为了实现个性表达，需要有持续力的工作。持续力有关责任心和兴奋点以及功力，功力是在无数工程积累之下磨练出来的、日积月累的能力。所以，一件好的作品绝不止于一个精彩的方案，它需要一个有执行力、持续力、自我优化能力的团队共同实现。至此，招团队胜于招方案，就易于理解了。

院长素描

文 赵春水 田垠

一号院院长那日斯，蒙古族人，草原出生，喜欢育马赏马画马，我们尊称他"老那"。老那其实不老，1966年生人。他所画之马非徐悲鸿之《八骏图》那般展现壮阔场面，飞扬龙马精神。但细品之后便能看到，他对马的独特理解能能被略显夸张的造型和冷静的线条表现得淋漓尽致。通过静态线条刻画，平静地传递出巨大的能量和亲和力。

老那从天津大学建筑系毕业，对建筑学的专注犹如骏马对草原的渴望。同已经被甲方规训的设计师群体相比，他常常显现出"桀骜不驯"的气质。记得当时做泰安道项目设计，我们都在努力寻找适合的方式传递历史街区文化，包括采用"围合街道、营造院落、采用英式风格"等手法，只有老那在建材的选择上，提出使用真砖砌筑外檐的设想，借此来协调、统一新老建筑的质感技术、尺度方面的关系，但该想法一提出就被业主断然否定。

在当时的环境下，设计师对建筑材料的选择没有发言权，对于给投资产生巨大影响的决策，更是无话语权。业主的否定意见得到上级决策者的默许。一般情况下，设计师表达想法之后，业主的不认可就是最后通牒，无任何回转余地！但老那坚持此事，其抗命表现出蒙古草原"桀骜不驯"的一面。他联合其他院长，准备从技术可行性、规范合理性、经济承受力、文化传承性等方面详细汇报，努力说服，最终决策层被设计师的真诚与专业所打动，接受了真砖砌筑外檐的方案。经过此次交锋，实现了设计师的理想，但喜悦之后，大家感受到无形的压力，所有院子需要重新审视方案，按真砖逻辑梳理建造工艺和构造做法，责任感让老那给我们大家找了"多余"的活！泰安道五大院是天津首个全部真砖砌筑的建筑街区，建成之后真砖的表情让我们无数次感动，无论春夏秋冬、阴晴风雨，它都能用丰沛的感情同人们交流！

时光的脚步也一点一点在砖上留下足迹。尤其是阳光之下，树影婆娑，投射到红砖之上的茶色斑驳，让人内心自然而然地生出和平和喜悦。那些砖的表情沁人心脾，这是其他材料无法代替的天津本土建筑文化。此后一段时间，天津兴起真砖砌筑外檐的热潮，此工艺在一定程度上将天津"小洋楼文化"在现实语境下向前推进一步，始作俑者是"老那"。

二、四号院院长赵春水，毕业于日本名古屋工业大学，几个院长中唯一的博士，人称"赵博士"。赵博士人如其名，典型海归知识分子，汇报出口成章，衣着永远得体，待人谦逊友善。但在工作中，赵博士的态度可称不上友善，只要看到问题，必定不吐不快。而且不仅对自己的项目态度直接，经常看到他当着某同行的面，直陈其项目长短，也不管别人的感受。所幸他意见准确中肯，外加同行们宽宏大量，本人至今平安，只是留下了个工作上"一意孤行"的名声。

　　一意孤行可不仅是对同行，对领导和业主，赵博士也是这幅执拗的态度。当时重点工程的常规操作是设计为施工让路，为保工期，前一天定下规划方案，第二天主管部门就要看建筑方案，所有人已经把这种设计周期当作正常的现象。进行五大院工程时，由于地处历史风貌区，建设窗口期非常短，设计、拆迁、建设，各阶段同步开展。在一次主管领导主持的方案会上，赵博士在汇报完方案后，直接表示本次方案都不行，坚持要求再给时间优化完善，并直指仓促定稿对城市的长期影响。最终，领导及业主接受意见，调整了时间计划，设计师们则充分利用这宝贵的机会完善方案，最终没留下遗憾。这样一来，赵博士的"一意"就更出名了。

　　一意孤行也让赵博士成为了一个跨界者。他回国后首先就职天津规划院愿景公司，主攻规划、景观；后为加强建筑业务，被调往建筑所，成立建筑分院，几年后分院业绩改头换面，项目也在频频获奖，在业内打响名号。询问赵博士秘诀，他说无非是高标准、不妥协。

　　赵博士的一意孤行是一种对专业的要求，对匠人精神的追求。在这样一个求新求快的时代，省钱与省时是所有建设工程的基本要求，但一个工程完成后能为城市和人留下什么倒反而是后话了。在这个环境下，建筑师能做的只是首先做好自己的工作，用好设计带动好项目，用好项目培育行业风气的转变。这也成了参与五大院工程设计师们的共识：打造天津新名片，重新定义天津形象，同时为后来者竖起路标。让"一意孤行"成为"吾道不孤"。

三号院院长赵晴，津腔最浓的天津人，兴趣广泛到常人无法想像。据说年轻的时候得过击剑冠军，玩过单人帆板，每年参加环海南岛的比赛，还养着两条船。我们尊称他"老赵"。老赵生于1965，经历丰富，听说年轻时与天津地产大佬有过交手，其事不知真假。

老赵清华大学建筑系毕业。做设计就是他的各种爱好之一，是一种玩，兴趣所致、挖空心思的玩儿，稍有感觉、浅尝辄止的玩儿，兴趣索然无味、玩世不恭的玩儿。不过他玩的建筑在天津建筑界颇有江湖地位，除了三号院之外，昆明路小学、中国银行（海河边）都特色鲜明，尤其是昆明路小学，将五大道地区保留的建筑基因，以现代天津的形式低调地表现出来，功能、空间、造型和建造，都显示出深厚功力和对津味建筑文化的准确理解和把控。

记得三号院的美国兵营，由于年久失修需要内部改造，老赵发现拆迁人员私自将拆下来的用作主梁的百年美国红松运走（当时有人借拆迁谋私利），他想上去劝阻，但他同时注意到两辆"大悍马"停在工地门口，社会经验告诉他，倒运木材非等闲之辈，于是他没有轻举妄动，"玩世不恭"一把用手机拍了下照片。经过商议，我们集体向领导告知情况，引起高度重视，即刻要求公安介入调查，结论很快出来，运走美国红松是做登记，并做防腐处理，这是一场误会。无论调查情况如何，丢失文物资产的事儿在五大院建设中，从此未再听说，为了发挥拆下来老建材的作用，老赵在三号院中的阳台以及咖啡厅的外檐都派上用场，这种做法传递出尊重传统的理念。

老赵这番举动，使五大院更新改造中，文物建筑的每一部分都被完整保留下来，甚至于一个门把手、一个开关、一个抽水马桶，正是这些小物件的积累，才能真正地给每个后来的使用者传递出百年前的建筑信息，跨越时空体验工业审美的价值和工匠智慧。

追求"玩世不恭"的为正经事，没抓到贼，却让他们死心了，为天津留下宝贵的物质精神财富。

五号院院长江鹏，北方人，高大身材，民营设计企业华汇的二把手，在周恺大师忙于做方案的时候，一不小心把团队打理成天津当时最大最有品牌影响力的设计公司。

江总生于1968年，长我一岁，从设计师到经营管理者都做得有声有色，他特别擅长与政府打交道。江总天大建筑系毕业，当过学生会主席，口才是一流无双的，在汇报时对着一张效果图能说上几个小时，还能让甲方听得津津有味，无形之中给他的团队争取了更多的有效工作时间和创作空间，避免了许多无结果的尝试，特别是明知不能为而为之的迎合领导的无用功，当然，说只是嘴把式，江总的项目运作能力更是一流。 这几年完成了五大院、天大新校区、绿荫里等项目，其综合能力在这些极富挑战性的项目上得到了最大的发挥。

算账是江总比拼方案时的杀手锏，当其他人比拼空间、造型、功能的时候，他总能用投资回报抓住这件甲方唯一真正关心的事情。不是说甲方水平低，无审美追求，而是他们面临建造和运营的压力，是别人无法想象的。五号院是江总"唯利是图"的产物，为平衡其他院的成本，五号院需设置一栋增加面积的高层塔楼，同时裙房还要限高并尊重导则，当时塔楼的建设规模是按市场预估售价与建设成本平衡之后的结果，那本账只有江总和甲方能算得清，当然设计师只有建议权而没有决策权，所有决定都是甲方的选择。

江总设计的五号院是最后落成的院子，甲方自持商业的经营效果一般，这一点江总在当时确定规模时候就预判过，现在来看他当时相当有远见。随着业态逐步向市场需求的方向修正，引入从万科离开创业的毛大庆的创客空间入驻5号院，逐步渡过商业的七年之痒，活力释放，成为该区域对接城市的西南门户，更好地融入城市，成为城市更新真正的赢家。

泰安道五大院总规划师黄晶涛，初见以为是一位江南才子，却是一位操着一口标准普通话的大连天津人。在厦门闯荡，羽翼丰满之后回津发展，一手帅气的草图功底让他得到"黄一圈"的诨号。

他是至今亲自动手画图，为数不多的活跃在一线的规划大师，记得他在办公室里挂着一条醒目的"国营人匠"，当时我在心里下意识地念成"国营匠人"。共事十多年，他的家国情怀给我留下了深刻的印象。为了保护泰安道丰富的历史文化建筑，市委市政府实施搬迁，留下用地的开发建设成为烫手山芋。对历史街区的更新，在经济方面，不能不顾历史，只追逐利益盲目开发，在理想层面，也不能不顾成本，追求道义的片面正确，单独强调任何一个方面都是不可持续的，被历史证明是行不通的做法。

泰安道地区汇集近百年以来天津优秀的建筑文化资产，围绕着维多利亚花园有利顺德酒店、第一饭店、十八路军办事处、纳森故居、开滦矿务局、安里甘教堂、美国兵营、戈登堂等16处，拥有记录一个时代历史的宝贵建筑，也可以说该区域是天津近代城市文明发展的鲜活见证者。在这样一个空间敏感、传承丰厚的地区，做设计就像走钢丝，平衡不好现实与理想、保护和发展等，各方利益诉求就会失败。

晶涛以他规划师的经验敏锐地察觉到在这个地区做好规划建设需要解决的本质矛盾。由于各个保护建筑单独或彼此相邻，各个地块各个体量之间缺少必要的联系，无法形成城市作为有机体生存最为需要的相互关联。该区域的整体规划为复兴街区提供了绝好的机遇。他提出用街区更新的想法，重塑各个地块之间、建筑之间，曾经拥有但现在已经缺失的联系，将存在的合理性用再造的物理空间展现出来，并引导人们通过行为感知其固有的氛围，放大各个单体地块的能量，形成一个具有共同特征的簇群，并注入新的生命力。

在重塑历史街区为原则的共识指导下，参加集群设计的各位院长，带领愿景公司的小伙伴们，上下呼吁协调关系，制定导则，为后期建设制定了兼顾各方诉求的方案。组织集群设计是一项受力不讨好的工作，晶涛既得尊重各位设计师的主见，调动积极性发挥创造力，又得服从业主各种要求和极端非专业的意见。凭借了过硬专业知识，规划的情怀和个人的魅力，将大家粘合在一起，为天津的城市更新留下一群问心无愧的作品。

后记

　　时光飞逝，有些事儿再不记下来，恐怕就会随风而去。五大院安静地宿居在海河边，以它独特的空间氛围，深厚的文化底蕴，见证着城市的变迁，陪伴着海河儿女的成长。在那个追求效益第一的时期，能放下其他工程，无限制地投入精力、人力、物力做保护项目的团队一定是对天津有深情的人们。无论泰安道五大院的来生如何，它的今世已经注入高贵的基因，插上隐形的翅膀。它记录着对天津怀有热爱的人们，用人生最美好的时光书写的有温度的故事，五大院的一砖一瓦一草一木一盏灯，都在诉说着……

　　请允许我将此书献给2012年的天津。

图片来源

所在文章	图片	来源
天津建造　红白对话	鸟瞰	张明贺
	海河边的红房子	甄琦
	红房子夜景	关永辉
五大院的前世今生	泰安道五大院的历史变迁	《老花园》P92、101天津古籍出版社
	四号院夜景	张明贺
	租借地时期的五大院	《老花园》P94 天津古籍出版社
	新泰安道四号院	关永辉
破"净"重缘	古堡津城	甄琦
	别有洞天	甄琦
从"五大道"到"五大院"－五大院建筑风格的定位	20世纪40年代，从维多利亚道（今解放北路）看戈登堂（原英国工部局）	《老花园》P99 天津古籍出版社
	利顺德历史图片	《老建筑》P88 天津古籍出版社
	戈登堂历史照片	《老花园》P100 天津古籍出版社
从混凝土到鲜花	雪中泰安道	于果
当规范遇上四号院	丽思卡尔顿外观	甄琦
在矛盾中前行-风貌区建设措施纪实	戈登堂历史照片	《老建筑》P29 天津古籍出版社
整合为"容"－外檐与设备在整体设计中的统一把控	沿海河夜景灯光	甄琦

注：除表格所列图片之外，其余图片均为项目组提供。

《红房子——泰安道丽思卡尔顿酒店全过程设计》编委会

主　　编：赵春水
副主编：田　垠　陈　旭
参加人员：张润兴　邱雨斯　李津澜　田　园
　　　　　赵　彬　韩　宁　王　瑾　张泽鑫
　　　　　阳建华　佘江宁
摄　　影：张明贺　甄　琦　关永辉　于　果

图书在版编目（CIP）数据

红房子——泰安道丽思卡尔顿酒店全过程设计／赵春水主编.—北京：中国建筑工业出版社，2017.8
　ISBN　978-7-112-20948-4

　Ⅰ.①红…　Ⅱ.①赵…　Ⅲ.①饭店—室内装饰设计
Ⅳ.①TU247.4

　中国版本图书馆CIP数据核字（2017）第162462号

责任编辑：戚琳琳　李婧　陈桦
责任校对：芦欣甜

红房子——泰安道丽思卡尔顿酒店全过程设计
赵春水　主编
＊
中国建筑工业出版社出版、发行（北京海淀三里河路9号）
各地新华书店、建筑书店经销
北京美光设计制版有限公司制版
北京富诚彩色印刷有限公司印刷
＊
开本：787×960毫米　1/16　印张：12　字数：232千字
2019年9月第一版　2019年9月第一次印刷
定价：120.00元
ISBN 978-7-112-20948-4
　　　（30576）